深度学习技术应用

组　编　北京新大陆时代科技有限公司
主　编　姚　嵩　陈小娥
副主编　林祥利　卢丽煌
参　编　赵嘉阳　胡　慧

机械工业出版社

本书围绕人工智能的人才需求与岗位能力进行内容设计,将深度学习技术与实际应用相结合,旨在帮助读者全面了解深度学习的基本原理、常用模型和优化算法,并深入探讨在目标检测、图像识别、自然语言处理、风格迁移等领域的应用案例。

本书共 6 个项目、15 个任务,主要内容包括使用 TensorFlow 实现服装图像分类、使用 TensorFlow 实现文本分类、使用迁移学习实现肺部 X 光检测、基于 Flask 的模型应用与部署——猫狗识别、神经网络的语言处理——五言古诗生成、使用 VGG19 迁移学习实现图像风格迁移。本书强调理论与实践相结合,旨在引导读者将学到的知识应用于实际项目中,解决实际问题。

本书适合作为职业院校人工智能技术应用及相关专业的教材,也可作为深度学习爱好者的参考书。

本书配有电子课件,选用本书作为授课教材的教师可登录机械工业出版社教育服务网(www.cmpedu.com)注册账号后免费下载,或联系编辑(010-88379807)咨询。本书还配有二维码视频,读者可直接扫码观看。

图书在版编目(CIP)数据

深度学习技术应用 / 北京新大陆时代科技有限公司组编;姚嵩,陈小娥主编. —北京:机械工业出版社,2023.12
ISBN 978-7-111-75219-6

Ⅰ. ①深⋯ Ⅱ. ①北⋯ ②姚⋯ ③陈⋯ Ⅲ. ①机器学习 Ⅳ. ①TP181

中国国家版本馆CIP数据核字(2024)第045672号

机械工业出版社(北京市百万庄大街22号 邮政编码100037)
策划编辑:李绍坤　　　　　责任编辑:李绍坤　张星瑶
责任校对:杨　霞　牟丽英　封面设计:马精明
责任印制:郜　敏
北京富资园科技发展有限公司印刷
2024年4月第1版第1次印刷
210mm×285mm・12.5印张・377千字
标准书号:ISBN 978-7-111-75219-6
定价:42.00元

电话服务　　　　　　　　网络服务
客服电话:010-88361066　　机　工　官　网:www.cmpbook.com
　　　　　010-88379833　　机　工　官　博:weibo.com/cmp1952
　　　　　010-68326294　　金　书　网:www.golden-book.com
封底无防伪标均为盗版　机工教育服务网:www.cmpedu.com

随着计算机技术和数据处理能力的迅速提升,深度学习作为人工智能领域的核心技术,已经在图像识别、语音处理、自然语言处理、推荐系统等诸多领域取得了显著的成果。深度学习的广泛应用和不断创新,引起了学术界和工业界的高度关注。

本书将深度学习技术应用的相关知识与编者的实践经验分享给广大读者。通过学习本书的内容,读者能深入了解深度学习的基本原理和新发展,并将这些知识应用于各自的工作领域中。书中涵盖了深度学习的基础概念、TensorFlow深度学习框架、目标检测识别、自然语言生成等理论知识,以及图像分类、文本分类、迁移学习、基于Flask的网页部署等任务实践。

本书的特色如下:

①立德树人。党的二十大报告提出:"全面贯彻党的教育方针,落实立德树人根本任务,培养德智体美劳全面发展的社会主义建设者和接班人。"本书在编写过程中有机融入德育内容,如在数据采集过程中,培养读者尊重数据隐私,提高保护意识;通过自然语言生成古诗词,强调深度学习技术与人文科学(艺术创作、传统文化)的结合,让读者体会到科技与人文之间的相互促进和融合;通过学习深度学习技术在医疗、交通、农业等领域的应用,引发读者对社会问题的关注。

②注重实践能力的培养。每一个项目都设计了详细的实验步骤和编程代码,让读者可以动手实践,并通过不断尝试和调试来巩固所学知识。本书强调理论与实践相结合,旨在培养读者解决实际问题的能力和培养创新思维。

③深度与广度兼备。本书在讲解每一个知识点时力求详细,并结合了学术界和工业界新技术,这样安排既注重知识的广度,也兼备知识的深度,可以为深度学习领域中的从业者提供系统性的学习指导。

④聚焦岗位技能。本书由院校和企业联合开发,充分结合院校人才培养经验和企业行业发展的优势,利用企业对岗位需求的认知及培训评价组织对专业技能的把控,发挥教材开发与教学实施的经验,保证本书的适应性与可行性。

本书由北京新大陆时代科技有限公司组织编写,由姚嵩、陈小娥任主编,林祥利、卢丽煌任副主编,参与编写的还有赵嘉阳、胡慧。其中,姚嵩负责编写项目1和全书统稿,陈小娥负责编写项目2,林祥利负责编写项目3,卢丽煌负责编写项目4,项目5和项目6由卢丽煌、赵嘉阳、胡慧共同完成。最后,感谢所有在本书编写过程中给予帮助和支持的人员。

由于编者水平有限,本书难免存在不足之处,恳请各位读者批评指正。

编 者

二维码索引

序号	视频名称	二维码	页码	序号	视频名称	二维码	页码
1	1.1 TensorFlow基础操作		8	7	4.2 运用Flask将模型部署成网页端应用		108
2	1.2 服装图像分类		19	8	5.1 古诗词文本数据预处理		125
3	2.1 自定义神经网络对电影评论文本分类		42	9	5.2 模型搭建与训练		136
4	2.2 使用Keras和TensorFlow Hub对电影评论文本分类		54	10	5.3 模型测试与部署		148
5	3.2 VGG16模型搭建及训练		77	11	6.1 初识图像风格迁移		163
6	4.1 模型训练与评估		95				

目录

前言

二维码索引

项目1　使用TensorFlow实现服装图像分类 1
- 任务1　TensorFlow基础操作 2
- 任务2　服装图像分类 14
- 任务3　Keras Tuner超参数调节 28

项目2　使用TensorFlow实现文本分类 37
- 任务1　自定义神经网络对电影评论文本分类 38
- 任务2　使用Keras和TensorFlow Hub对电影评论文本分类 50

项目3　使用迁移学习实现肺部X光检测 61
- 任务1　肺部X光图像处理 62
- 任务2　VGG16模型搭建及训练 73

项目4　基于Flask的模型应用与部署——猫狗识别 89
- 任务1　模型训练与评估 90
- 任务2　运用Flask将模型部署成网页端应用 105

项目5　神经网络的语言处理——五言古诗生成 121
- 任务1　古诗词文本数据预处理 122
- 任务2　模型搭建与训练 132
- 任务3　模型测试与部署 145

项目6　使用VGG19迁移学习实现图像风格迁移 157
- 任务1　初识图像风格迁移 158
- 任务2　基于VGG19构建迁移学习模型 168
- 任务3　训练模型实现图像风格迁移 179

参考文献 194

项目 1

使用TensorFlow实现服装图像分类

项目导入

"河南卫视的晚会太棒了！""还有多少惊喜是我们不知道的？"从"唐宫夜宴"到"洛神水赋"再到"龙门金刚""只此青绿"等，河南卫视一次又一次解锁传统文化的魅力。从服饰、舞步、妆容到舞台灯光，每一帧都像一幅画，给观众带来视觉盛宴。随着节目热播，人们对我国传统服饰的好奇与探求的热度也越来越高。

面对海量的服装图像数据，如果人工进行服装图像的语义属性标注用于分类和检索，则需要花费大量的人力和时间，而且语义属性并不能完全表达服装图像中的丰富信息，造成检索效果不佳。

随着互联网多媒体数据的海量增长，基于文本标注的传统方法渐显疲态，而基于图像内容的新方法开始发展。新方法通过提取图像特征获得其特征表示，然后进行相似性度量，并依据相似性进行排序，从而得到检索结果。目前，图像特征提取方法可分为基于传统图像处理和基于深度学习的两种方式。

本项目通过3个任务，向读者介绍如何使用基于深度学习的方式进行服装图像分类。本项目首先介绍TensorFlow以及一些深度学习的基本知识和代码操作，然后进行深度学习的基础任务：图像分类。在任务2中进行最基础的分类模型的训练，在任务3中将使用超参数调节的方法来进行模型训练。本项目使用的Fashion MNIST数据集如图1-0-1所示。

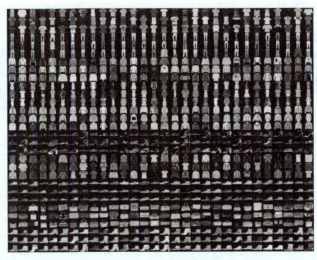

图1-0-1 Fashion MNIST数据集

任务1　TensorFlow基础操作

知识目标

- 了解TensorFlow的内涵、基本架构、含义。
- 掌握TensorFlow常量、变量、张量的核心知识。
- 熟悉TensorFlow的特点。

能力目标

- 能够掌握在TensorFlow中创建常量、变量及张量运算的方法。
- 能够掌握TensorFlow中数据类型转换的方法。

素质目标

- 具备开阔、灵活的思维能力。
- 具备积极、认真、严谨的学习态度。

任务分析

任务描述：

了解TensorFlow的基本知识，进行基础实操练习。

任务要求：

- 安装TensorFlow。
- 创建TensorFlow中的常量与变量。

- 实现TensorFlow中的数据类型转换。
- 完成包括加法、平方和压缩求和在内的张量运算。

任务计划

根据所学相关知识，制订本任务的任务计划表，见表1-1-1。

表1-1-1 任务计划表

项目名称	使用TensorFlow实现服装图像分类
任务名称	TensorFlow基础操作
计划方式	自主设计
计划要求	请用5个计划步骤来完整描述出如何完成本任务
序 号	任 务 计 划
1	
2	
3	
4	
5	

知识储备

1. TensorFlow基本介绍

TensorFlow的官方网站上用这样一句话来描述TensorFlow："A machine learning platform for everyone to solve real problems"，也就是说它是一个用于解决实际问题的开源机器学习平台。TensorFlow的Logo如图1-1-1所示。

图1-1-1 TensorFlow的Logo

1）TensorFlow的内涵。TensorFlow是一个开放源代码软件库，用于进行高性能数值计算。借助其灵活的架构，用户可以轻松地将计算工作部署到多种平台（CPU、GPU、TPU）和设备（桌面设备、服务器集群、移动设备、边缘设备等）。TensorFlow最初是由Google Brain团队（隶属于Google的AI部门）中的研究人员和工程师开发的，可为机器学习和深度学习提供强力支持。

2）TensorFlow名字的含义。TensorFlow一词由Tensor和Flow组成，对应含义如图1-1-2所示。Tensor为"张量"，即多维数组的数据结构；Flow为"流动"，即张量之间通过计算而转换的过程。TensorFlow是一个通过计算图的形式表述计算的编程系统，每一个计算都是计算图上的一个节点，节点之间的边描述了计算之间的关系。

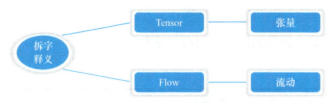

图1-1-2　TensorFlow名字的含义

3）TensorFlow的基本架构。分布式TensorFlow的基本架构如图1-1-3所示，包括分布式主机（Distributed Master）、数据流执行器（Dataflow Executor）、内核应用（Kernel Implementations）和最底端的设备层（Device Layer）/网络层（Networking Layer）。

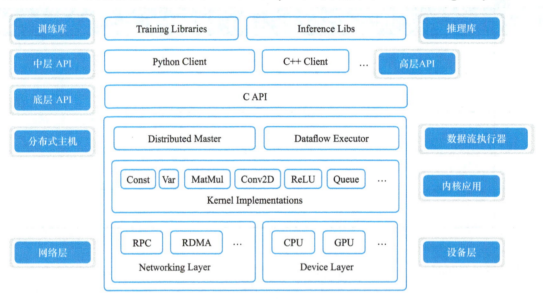

图1-1-3　TensorFlow的基本架构

TensorFlow作为当前深度学习较为流行的一个框架，提供了非常丰富的API，有底层、中层、高层三个级别的API，可以使用中高层API快速搭建已有的模块，然后使用底层API编写一些定制模块，这可以极大地加快开发，并且保留代码的灵活性。

2. TensorFlow的核心概念

（1）常量、变量与占位符

1）常量。常量指在运行过程中不会改变的值，在TensorFlow中无需进行初始化操作。常量在TensorFlow中一般被用于设置训练步数、训练步长和训练轮数等超参数，此类参数在程序执行过程中一般不需要被改变，所以一般被设置为常量。

2）变量。变量指在运行过程中值可以被改变的单元。变量在创建时必须确定初始值，可以像定义常量一样。

在TensorFlow中变量和普通编程语言中的变量有着较大区别。TensorFlow中的变量是一种特殊的设计，是可以在机器学习优化过程中自动改变值的张量，也可以理解为待优化的张量。在TensorFlow中创建了变量后,一般无需进行人工赋值,系统会根据算法模型,在训练优化过程中自动调整变量的值。

TensorFlow中的变量使用Variable类来保存,使用时用initial_value参数指定初始化函数,name参数指定变量名。

TensorFlow提供变量集合以存储不同类型的变量,默认的变量集合包括:

本地变量:tf.GraphKeys.LOCAL_VARIABLES

全局变量:tf.GraphKeys.GLOBAL_VARIABLES

训练梯度变量:tf.GraphKeys.TRAINABLE_VARIABLES

用户也可以自行定义变量集合。在对变量进行共享时,可以直接引用tf.Variables,也可以使用tf.variable_scope进行封装。

3)占位符。TensorFlow中的Variable类在定义时需要初始化,但有些变量在定义时并不知道其数值,只有当真正开始运行程序时,才由外部输入,比如训练数据,这时候需要用到占位符。

占位符的本质就是先声明数据类型,以便建立模型时申请内存,用于将值输入TensorFlow图中。它们可以和feed_dict一起使用来输入数据。在训练神经网络时,它们通常用于提供新的训练样本。在会话中运行计算图时,可以为占位符赋值。这样在构建一个计算图时不需要真正地输入数据。需要注意的是,占位符不包含任何数据,因此不需要初始化它们。

tf.placeholder占位符是TensorFlow中特有的一种数据结构,类似动态变量、函数的参数或者C语言及Python语言中格式化输出时的"%"占位符。TensorFlow占位符先定义了一种数据,其参数为数据的Type和Shape。

(2)张量

1)张量的概念。张量是线性代数里的概念,线性代数是用虚拟数字世界表示真实物理世界的工具。如图1-1-4所示,用点、线、面、体的概念来解释会更加容易理解:点——标量(scalar)、线——向量(vector)、面——矩阵(matrix)、体——张量(tensor)。

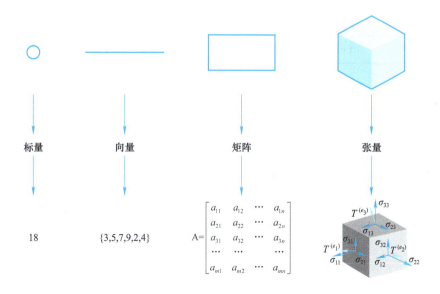

图1-1-4 标量、向量、矩阵和张量

张量有23种数据类型，包括4类浮点实数、2类浮点复数、13类整数、逻辑、字符串和两个特殊类型，数据类型之间可以互相转换。

2）TensorFlow中的张量。在TensorFlow中，所有的数据都通过张量的形式来表示。从功能的角度，张量可以简单理解为多维数组，零阶张量为标量（scalar），也就是一个数；一阶张量为向量（vector），也就是一维数组；n阶张量可以理解为一个n维数组。需要注意的是，张量并没有真正保存数字，它保存的是计算过程。一个张量就是一个可以容纳n维数据及其线性操作的容器，如图1-1-5所示。

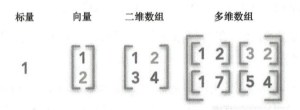

图1-1-5　TensorFlow中的张量

与NumPy ndarray对象类似，tf.Tensor对象具有数据类型和形状。此外，tf.Tensors可以驻留在加速器内存中（如GPU）。张量（tensor）类型与Python类型比较见表1-1-2。

表1-1-2　张量类型与Python类型比较

张量类型	Python类型	描述
DT_FLOAT	tf.float32	32位浮点数
DT_DOUBLE	tf.float64	64位浮点数
DT_INT64	tf.int64	64位有符号整型
DT_INT32	tf.int32	32位有符号整型
DT_INT16	tf.int16	16位有符号整型
DT_INT8	tf.int8	8位有符号整型
DT_UNIT8	tf.unit8	8位无符号整型
DT_STRING	tf.string	可变长度的字节数组，每一个张量元素都是一个字节数组
DT_BOOL	tf.bool	布尔型
DT_COMPLEX64	tf.complex64	由两个32位浮点数组成的复数：实数和虚数

NumPy数组和tf.Tensors之间最明显的区别是：

① 张量可以由加速器内存（如GPU、TPU）支持。张量是不可变的。

② NumPy兼容性强，在TensorFlow tf.Tensor和NumPy之间转换ndarray很容易。TensorFlow操作会自动将NumPy ndarrays转换为Tensor；NumPy操作会自动将Tensor转换为NumPy ndarrays。

3）张量的操作。TensorFlow提供了丰富的张量操作，见表1-1-3。在任务1中，我们会着重练习加法、平方和压缩求和的操作。

表1-1-3 张量的部分操作

函　数	描　述
mod()	返回除法的余数
cross()	返回两个张量的点积
abs()	返回输入参数张量的绝对值
ceil()	返回输入参数张量向上取整的结果
cos()	返回输入参数张量的余弦值
exp()	返回输入参数张量的自然常数e的指数
floor()	返回输入参数张量的向下取整结果
inv()	返回输入参数张量的倒数
log()	返回输入参数张量的自然对数
maximum()	返回两个输入参数张量中的最大值
minimum()	返回两个输入参数张量中的最小值
neg()	返回输入参数张量的负值
pow()	返回输入参数第一个张量的第二个张量次幂
rsqrt()	返回输入参数张量的平方根的倒数
sqrt()	返回输入参数张量的平方根
square()	返回输入参数张量的平方

3. TensorFlow的特点

（1）TensorFlow的优势

TensorFlow是深度学习最流行的库之一，是谷歌在深刻总结了其前身DistBelief的经验教训上形成的；它不仅便携、高效、可扩展，还能在不同的计算机上运行，小到智能手机，大到计算机集群都能运行；它是一款轻量级的软件，可以快速生成训练模型，也能重新构建模型；TensorFlow有创新的技术，有强大的社区、企业支持，因此它广泛用于从个人到企业、从初创公司到大公司等不同群体。

1）可用性。TensorFlow工作流程相对容易，API稳定，兼容性好，并且TensorFlow与Numpy完美结合，这使大多数精通Python数据的科学家能很容易上手。与其他库不同，TensorFlow不需要任何编译时间，用户可以更快地迭代想法。TensorFlow之上已经建立了多个高级API，例如Keras和SkFlow，这给用户使用TensorFlow带来了极大的好处。

2）灵活性。TensorFlow能够在各种类型的机器上运行，从超级计算机到嵌入式系统。它的分布式架构使大量数据集的模型训练不需要太多的时间。TensorFlow可以同时在多个CPU、GPU或者两者中混合运行。

3）效率性。TensorFlow第一次发布以来，开发团队花费了大量的时间和努力来改进TensorFlow的大部分实现代码。随着越来越多开发人员的优化，TensorFlow的效率不断提高。

4）支持性。TensorFlow由谷歌提供支持，开发者投入了大量精力，致力于将TensorFlow打造为机器学习研究人员和开发人员的通用语言。此外，谷歌在自己的日常工作中也使用TensorFlow，并且持续对其提供支持，在TensorFlow周围形成了一个强大的社区。谷歌已经在TensorFlow上发布了多个预先训练好的机器学习模型，供其自由使用。

（2）TensorFlow的缺点

1）缺少符号循环。每个计算流必须构建成图，没有符号循环，使得一些计算变得困难。

2）接口混乱。因为它的API发展太快，经常更新，所以有一些常用的函数方法会不断挪位置，底层接口写起来烦琐，高层接口不灵活，且封装混乱。

3）默认占用GPU所有内存。实验过程中，并不是所有人都有多块GPU可用。TensorFlow在GPU不可用时会自动改用CPU，导致速度变慢，另外在共用显卡的情况下，也可能在CPU上运行。虽然TensorFlow会打印设备信息，但启动时输出的信息太杂，没办法每次都仔细看一遍。

4）调试困难。TensorFlow作为静态图框架，API经常变，打印中间结果必须要借助Session运行才能生效，或者学习额外的tfdbg工具。而如果是用PyTorch这样的动态框架，就不需要多学一个额外的工具，只需要用正常的Python调试工具（如ipdb）就可以了。

> **知识拓展**
>
> 扫一扫，了解Tensor-Flow里的计算图与会话、除了TensorFlow框架，你还知道其他框架吗？
>
>

任务实施

1. 安装TensorFlow

步骤1 安装TensorFlow。在JupyterLab中使用感叹号"！"表示执行来自操作系统的命令。安装命令的参数说明如下：

```
# 安装TensorFlow
!sudo pip install –i https://pypi.tuna.tsinghua.edu.cn/simple tensorflow==2.5.0
```

步骤2 查看TensorFlow的当前版本。

```
# 导入TensorFlow
import tensorflow as tf
# 显示当前TendorFlow版本
print("TensorFlow版本是：", tf.__version__)
```

2. 创建常量与变量

步骤1 创建常量。创建常量的方法如下：

```
tf.constant(value,dtype=None, shape=None, name='const', verify_shape=False)
```

在创建常量时只有value值是必填的，dtype等参数的设置可以省略，运行时会根据具体的value值自动设置相应的值。创建常量的参数说明见表1-1-4。

表1-1-4 创建常量的参数说明

参 数 名 称	必选/可选	参 数 类 型	含 义
value	必选	数值或者list	输出张量的值
dtype	可选	dtype	输出张量元素的类型
shape	可选	一维张量或array	输出张量的维度
name	可选	string	张量的名称
verify_shape	可选	bool	检测shape是否和value的shape一致，若为False，即不一致时，会用最后一个元素将shape补全

```
# 创建常量
a = tf.constant([1, 2])
a
```

创建常量的输出结果如图1-1-6所示。

```
import tensorflow as tf
a = tf.constant([1, 2])
a
```
`<tf.Tensor: shape=(2,), dtype=int32, numpy=array([1, 2])>`

图1-1-6 创建常量的输出结果

步骤2 创建指定数据类型的常量。在创建的同时指定数据类型，在数值兼容的情况下会自动进行数据类型转换。

```
# 创建指定数据类型的常量
b = tf.constant([3, 4], tf.float32)
b
```

创建指定数据类型的常量的输出结果如图1-1-7所示。

```
b = tf.constant([3, 4], tf.float32)
b
```
`<tf.Tensor: shape=(2,), dtype=float32, numpy=array([3., 4.], dtype=float32)>`

图1-1-7 创建指定数据类型的常量的输出结果

步骤3 创建指定shape的常量。若shape参数值被设定，则会做相应的reshape工作。

```
# 创建指定shape的常量
c = tf.constant([1, 2, 3, 4, 5, 6], shape=[2, 3])
c
```

创建指定shape的常量的输出结果如图1-1-8所示。

```
c = tf.constant([1, 2, 3, 4, 5, 6], shape=[2, 3])
c
```
`<tf.Tensor: shape=(2, 3), dtype=int32, numpy=`
`array([[1, 2, 3],`
`       [4, 5, 6]])>`

图1-1-8 创建指定shape的常量的输出结果

步骤4 创建变量。在变量的参数中，trainable参数用来表征当前变量是否需要被自动优化，创建变量对象时默认启用自动优化标志。创建方法如下：

tf.Variable (initial_value, dtype=None, validate_shape=None, trainable =True, name='Variable')

创建变量的参数说明见表1-1-5。

表1-1-5 创建变量的参数说明

参 数 名 称	必选/可选	参 数 类 型	含 义
initial_value	必选	所有可以转换为Tensor的类型	张量的初始值
dtype	可选	dtype	输出张量元素类型
validate_shape	可选	bool	如果为False，则不进行类型和维度检查
trainable	可选	bool	如果为True，则需要被自动优化，创建变量对象时默认启用自动优化标志
name	可选	string	张量的名称，如果没有指定，则系统会自动分配一个唯一的值

```
# 创建变量
v1 = tf.Variable([1, 2])
v2 = tf.Variable([3, 4], tf.float32)
v1,v2
```

创建变量的输出结果如图1-1-9所示。

```
v1 = tf.Variable([1, 2])
v2 = tf.Variable([3, 4], tf.float32)
v1,v2

(<tf.Variable 'Variable:0' shape=(2,) dtype=int32, numpy=array([1, 2])>,
 <tf.Variable 'Variable:0' shape=(2,) dtype=int32, numpy=array([3, 4])>)
```

图1-1-9 创建变量的输出结果

3. 数据类型转换

步骤1 常量数据类型转换。TensorFlow支持不同的数据类型：

- 实数：tf.float32, tf.float64
- 整数：tf.int8, tf.int16, tf.int32, tf.int64, tf.unit8
- 布尔：tf.bool
- 复数：tf.complex64, tf.complex128

```
# 创建常量
a = tf.constant([1,2])
a
```

创建常量a的输出结果如图1-1-10所示。

```
a = tf.constant([1,2])
a

<tf.Tensor: shape=(2,), dtype=int32, numpy=array([1, 2])>
```

图1-1-10 创建常量a的输出结果

```
# 数据类型转换
b = tf.cast(a, tf.float32)
b
```

数据类型转换后的输出结果如图1-1-11所示。

```
b = tf.cast(a, tf.float32) # 数据类型转换
b
```
`<tf.Tensor: shape=(2,), dtype=float32, numpy=array([1., 2.], dtype=float32)>`

图1-1-11 数据类型转换后的输出结果

可以看到，数据转换前的类型为tf.int32，数据转换后的类型为tf.float32。

步骤2 变量数据类型转换。

动手练习❶

- 在<1>处使用tf.cast()将v1的参数转换成tf.bool。
- 观察v1的数值是怎么变化的。

```
v1 = tf.Variable([1, 0, 1, 0, 0])
v1
v2 = <1>
v2
```

运行结果与下方一致说明答案正确。

`<tf.Tensor: shape=(5,), dtype=bool, numpy=array([ True, False,  True, False, False])>`

4. 张量运算

步骤1 加法运算。使用tf.add()进行张量加法运算，结果如图1-1-12～图1-1-14所示。

```
# int加法运算
print(tf.add(1, 2))
# list加法运算
print(tf.add([1, 2], [3, 4]))
```

```
print(tf.add(1, 2))
print(tf.add([1, 2], [3, 4]))

tf.Tensor(3, shape=(), dtype=int32)
tf.Tensor([4 6], shape=(2,), dtype=int32)
```

图1-1-12 加法运算结果1

```
# 创建两个常量
node1 = tf.constant([[3.0,1.5],[2.5,6.0]],tf.float32)
node2 = tf.constant([[4.0,1.0],[5.0,2.5]],tf.float32)
# 加法运算
node3 = tf.add(node1, node2)
node3
```

`<tf.Tensor: shape=(2, 2), dtype=float32, numpy=`
`array([[7. , 2.5],`
`       [7.5, 8.5]], dtype=float32)>`

图1-1-13 加法运算结果2

```
# 转换成numpy ndarrays
numpy_array = node3.numpy()
# 打印转换结果
print(numpy_array)
# 打印转换结果维度
print(numpy_array.shape)
# 打印转换结果类型
print(numpy_array.dtype)
```

```
[[7.  2.5]        (2, 2)
 [7.5 8.5]]       float32
```

图1-1-14　转换结果

步骤2　平方运算。使用tf.square()进行张量平方运算，结果如图1-1-15所示。

```
# int平方运算
print(tf.square(5))
# list平方运算
node1 = tf.constant([[1,3],[5,7]],tf.int32)
node2 = tf.square(node1)
# 输出list平方运算结果
node2
```

```
tf.Tensor(25, shape=(), dtype=int32)

<tf.Tensor: shape=(2, 2), dtype=int32, numpy=
array([[ 1,  9],
       [25, 49]], dtype=int32)>
```

图1-1-15　平方运算结果

步骤3　压缩求和。使用tf.reduce_sum()进行张量压缩求和运算，结果如图1-1-16和图1-1-17所示。压缩求和方法如下：

函数说明

tf.reduce_sum(input_tensor, axis=None, keepdims=False, name=None)

- input_tensor：输入张量。
- axis=None：求和轴，如果为None，则所有元素都会被压缩求和。
- keepdims=False：如果为True，则压缩后的维度会变成1。
- name：赋予的变量名。

```
# 创建常量
node1 = tf.constant([1, 2, 3, 4],tf.int32)
# 压缩求和
node2 = tf.reduce_sum(node1)
# 打印结果
print(node2)
```

```
tf.Tensor(10, shape=(), dtype=int32)
```

图1-1-16　压缩求和运算结果1

```
# 创建常量
node1 = tf.constant([[1,2],[3,4]],tf.int32)
```

```
# 压缩求和
node2 = tf.reduce_sum(node1)
# 打印结果
print(node2)
```

tf.Tensor(10, shape=(), dtype=int32)

图1-1-17 压缩求和运算结果2

动手练习❷

- 运行下方所有单元格，观察运行结果的不同，总结出axis参数的值对运行结果有什么影响。
- 添加并修改keepdims参数的值，总结出keepdims参数的值对运行结果有什么影响。

```
node1 = tf.constant([[1,2],[3,4]],tf.int32)
node2 = tf.reduce_sum(node1,axis=1)
print(node2)
node1 = tf.constant([[1,2],[3,4]],tf.int32)
node2 = tf.reduce_sum(node1,axis=0)
print(node2)
```

任务小结

本任务首先介绍了TensorFlow的基础知识和概念，从而引出了在TensorFlow中的常量、变量和张量的概念与操作。之后通过任务实施，完成了创建常量与变量、数据类型转换和张量运算等练习。

通过此任务的学习，读者可对TensorFlow基础知识和概念有更深入的了解，在实践中逐渐熟悉TensorFlow的基础操作方法。本任务的思维导图如图1-1-18所示。

图1-1-18 思维导图

任务2 服装图像分类

知识目标
- 了解神经元、激活函数与损失函数的相关知识。
- 了解过拟合与欠拟合,了解相关解决方法。

能力目标
- 能够掌握数据预处理的方法。
- 能够使用TensorFlow构建模型、训练模型。
- 能够掌握评估模型准确率的方法并进行预测。

素质目标
- 具备开阔、灵活的思维能力。
- 具备积极、主动的探索精神。

任务分析

任务描述:
对下载的服装图像数据集进行预处理,使用TensorFlow进行模型构建、模型训练及评估。

任务要求:
- 掌握Fashion MNIST数据集的加载和处理。
- 学习使用TensorFlow框架搭建神经网络。
- 掌握并实现神经网络模型训练过程。
- 掌握并实现模型评估及预测过程。

任务计划

根据所学相关知识,制订本任务的任务计划表,见表1-2-1。

表1-2-1 任务计划表

项目名称	使用TensorFlow实现服装图像分类
任务名称	服装图像分类
计划方式	自主设计
计划要求	请用5个计划步骤来完整描述出如何完成本任务

(续)

序 号	任 务 计 划
1	
2	
3	
4	
5	

1. 神经网络

神经网络简单地说就是将多个神经元连接起来组成一个网络。多层感知机的结构如图1-2-1所示，网络的最左边一层被称为输入层，其中的神经元被称为输入神经元。最右边及输出层包含输出神经元，在这个例子中，只有一个单一的输出神经元，但一般情况下输出层也会有多个神经元。中间层被称为隐含层，因为里面的神经元既不是输入也不是输出。

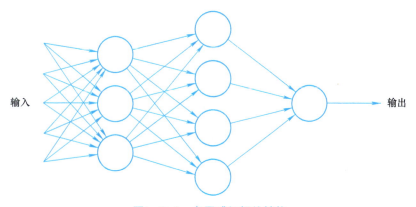

图1-2-1 多层感知机的结构

（1）神经元

神经元是神经网络的基本组成，如图1-2-2所示，神经元左边的 x 表示对神经元的多个输入，w 表示每个输入对应的权重，神经元右边的箭头表示它仅有一个输出。

（2）激活函数

激活函数（Activation Function）是一种添加到人工神经网络中的函数，帮助网络学习数据中的复杂模式。类似于人类大脑中基于神经元的模型，激活函数最终决定了要发射给下一个神经元的内容。它能使得神经网络输出变为非线性映射，且能有效减轻梯度消失问题。

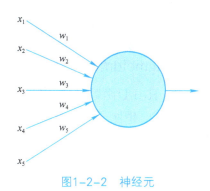

图1-2-2 神经元

1）Sigmoid函数。Sigmoid函数是一个在生物学中常见的S型函数，也称为S型生长曲线，如图1-2-3所示。在信息科学中，由于其单调递增以及反函数单调递增等性质，Sigmoid函数常被用作神经网络的阈值函数，将变量映射到0～1之间。Sigmoid函数的缺点：倾向于梯度消失；函数输出不是以0为中心，会降低权重更新的效率；执行指数运算，计算机运行得较慢。Sigmoid函数公式如下：

$$f(x)=\frac{1}{1+e^{-x}}$$

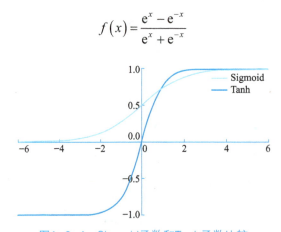

图1-2-3　Sigmoid函数

2）Tanh双曲正切函数。Tanh是双曲函数中的一个，Tanh为双曲正切，在数学中，双曲正切"Tanh"是由双曲正弦和双曲余弦推导而来。Tanh函数和Sigmoid函数的曲线相对相似，如图1-2-4所示。但是它比Sigmoid函数更有一些优势。Tanh函数公式如下：

$$f(x)=\frac{e^{x}-e^{-x}}{e^{x}+e^{-x}}$$

图1-2-4　Sigmoid函数和Tanh函数比较

当输入较大或较小时，输出几乎是平滑的并且梯度较小，这不利于权重更新。二者的区别在于输出间隔，Tanh的输出间隔为1，并且整个函数以0为中心，比Sigmoid函数更好。在Tanh函数图中，负输入将被强映射为负，而输入零会被映射为接近零。注意：在一般的二元分类问题中，Tanh函数用于隐藏层，而Sigmoid函数用于输出层，但这并不是固定的，需要根据特定问题进行调整。

3）ReLU函数。ReLU函数用于隐藏层神经元输出。ReLU函数是深度学习中较为流行的一种激活函数，相比于Sigmoid函数和Tanh函数，它具有如下优点：当输入为正时，不存在梯度饱和问题；计算速度快。如图1-2-5所示，ReLU函数中只存在线性关系，计算速度比Sigmoid函数和Tanh函数更快。当然它也有缺点：当输入为负时，ReLU完全失效。在正向传播过程中，这一问题可以忽略；但是在反向传播过程中，如果输入负数，则梯度将完全为零。Sigmoid函数和Tanh函数也具有相同的问题。ReLU函数的输出为0或正数，这意味着ReLU函数不是以0为中心的函数。ReLU函数公式如下：

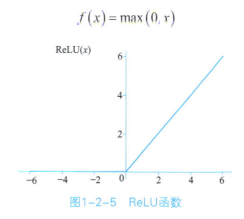

图1-2-5　ReLU函数

（3）损失函数

损失函数用来评价模型的预测值和真实值不一样的程度，给模型的优化指引方向。损失函数选择的越好，模型的性能通常就越好。不同的模型用的损失函数一般也不一样。优化神经网络的基准，就是缩小损失函数的输出值。

Softmax函数，又称归一化指数函数。它是二分类函数Sigmoid在多分类上的推广，目的是将多分类的结果以概率的形式展现出来。概率有两个性质：预测的概率为非负数；各种预测结果概率之和等于1。Softmax就是将负无穷到正无穷上的预测结果按照这两步转换为概率的。

图1-2-6　Softmax函数

指数函数的值域取值范围是零到正无穷。如图1-2-6所示，Softmax函数第一步就是将模型的预测结果转化到指数函数上，这样保证了概率的非负性。为了确保各个预测结果的概率之和等于1，只需要将转换后的结果进行归一化处理。方法就是将转化后的结果除以所有转化后的结果之和，可以理解为转化后结果占总数的百分比，这样就得到近似的概率。

交叉熵损失函数，也称为对数损失或者Logistic损失。交叉熵能够衡量同一个随机变量中的两个不同概率分布的差异程度，在机器学习中就表示为真实概率分布与预测概率分布之间的差异。交叉熵的值越小，模型预测效果就越好。

交叉熵在分类问题中常常与Softmax函数是标配，Softmax函数将输出的结果进行处理，使其多个分类的预测值和为1，再通过交叉熵来计算损失，如图1-2-7所示。

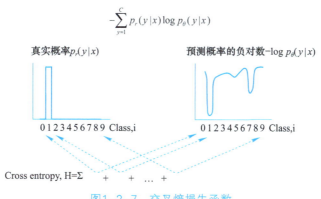

图1-2-7　交叉熵损失函数

2. 过拟合及欠拟合

欠拟合、正常和过拟合图像如图1-2-8所示。

（1）过拟合及解决策略

训练准确率和测试准确率之间的差距代表过拟合。过拟合是指机器学习模型在新的、以前未曾使用过的输入数据上的表现不如在训练数据上的表现。过拟合的模型会"记住"训练数据集中的噪声和细节，从而对模型在新数据上的表现产生负面影响。简言之，过拟合就是训练时的结果很好，但是在预测时结果不好的情况。

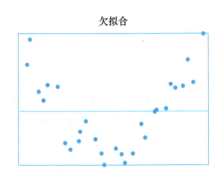
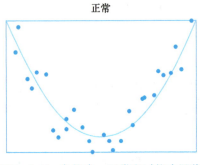
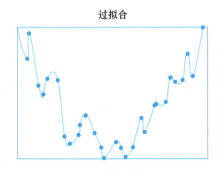

图1-2-8 欠拟合、正常和过拟合图像

常见的解决过拟合的策略有：

1）数据集扩增。更多的数据能够让模型学习得更加全面，然而由于条件的限制，并不能够收集到更多的数据。所以这时候就需要采用一些计算的方式与策略在原有数据集上进行扩增，以获得更多的数据。数据集扩增就是要得到更多符合要求的数据。

2）正则化。损失函数分为经验风险损失函数和结构风险损失函数，结构风险损失函数就是经验风险损失函数+表示模型复杂度的正则化，正则项通常选择L1或者L2正则化。结构风险损失函数能够有效地防止过拟合。

3）提前停止训练。在训练的过程中，记录到目前为止最好的验证准确率（Validation Accuracy），如果连续10次迭代后，验证准确率没有达到最佳，则认为准确率不再有所提升，此时就可以停止迭代了。

4）降低模型复杂度。数据较少时，降低模型复杂度是比较有效的方法，适当地降低模型复杂度可以降低模型对噪声的拟合度。神经网络中可以减少网络层数，减少神经元个数，使用Dropout算法；决策树可以控制树的深度、剪枝等。

（2）欠拟合及解决策略

欠拟合就是模型没有很好地捕捉到数据特征，不能够很好地拟合数据。模型不够复杂或者训练数据过少时，模型均无法捕捉训练数据的基本关系，会出现偏差。这样一来，模型会错误地预测数据，导致准确率降低，这种现象被称为模型欠拟合。

比如，模型过于复杂或者过于简单，以至难以泛化新增加的数据；模型采用的学习算法并不适用于特定的数据结构；训练集本身可能有太多噪点或数据量过少，使得模型无法准确地预测目标变量。这些均是模型欠拟合的情况。

过拟合和欠拟合是所有机器学习算法都要考虑的问题,其中欠拟合的情况比较容易克服,常见的解决方法有:

1)增加新特征。可以考虑加入特征组合、高次特征,来增大假设空间。

知识拓展

扫一扫,了解一下人工智能领域的概念吧,除了文中介绍的激活函数和损失函数,你还知道其他的吗?

2)添加多项式特征。这个在机器学习算法中使用得很普遍,例如将线性模型通过添加二次项或者三次项使模型泛化能力更强。

3)减少正则化参数。正则化的目的是用来防止过拟合的,但是模型出现了欠拟合,则需要减少正则化参数。

4)使用非线性模型。比如使用SVM、决策树、深度学习等模型。

5)调整模型的容量(指其拟合各种函数的能力)。

1. 模型准备

步骤1 安装TensorFlow(本任务使用的TensorFlow版本为2.5.0)。

```
# 安装TensorFlow
!sudo pip install tensorflow==2.5.0
```

步骤2 导入依赖包。本任务使用了tf.keras,它是TensorFlow中用来构建和训练模型的高级API。

```
# 导入TensorFlow 和 tf.keras
import tensorflow as tf
from tensorflow import keras

# 导入辅助库
import numpy as np
import matplotlib.pyplot as plt
```

步骤3 导入Fashion MNIST数据集。加载数据集会返回4个NumPy数组:

训练集:train_images和train_labels,模型使用这些数据进行学习。

测试集:test_images和test_labels,这些数据用于对模型进行测试。

```
fashion_mnist = keras.datasets.fashion_mnist
(train_images, train_labels), (test_images, test_labels) = fashion_mnist.load_data()
```

图像是28×28的NumPy数组,像素值在0到255之间。Fashion MNIST中一共包括了10个类别,分别为T-shirt/top(T恤/上衣)、Trouser(裤子)、Pullover(套头衫)、Dress(连衣裙)、Coat(外套)、Sandal(凉鞋)、Shirt(衬衫)、Sneaker(运动鞋)、Bag(包)和Ankle boot(短

靴）。标签是整数数组0～9。这些标签对应图像所代表的服装类，见表1-2-2。

表1-2-2 标签与类对应

标　　签	类	标　　签	类
0	T恤/上衣	5	凉鞋
1	裤子	6	衬衫
2	套头衫	7	运动鞋
3	连衣裙	8	包
4	外套	9	短靴

每个图像都会被映射到一个标签。由于数据集不包括类名称，则将它们存储在class_names中，供稍后绘制图像时使用：

class_names = ['T-shirt/top', 'Trouser', 'Pullover', 'Dress', 'Coat', 'Sandal', 'Shirt', 'Sneaker', 'Bag', 'Ankle boot']

步骤4 浏览数据。使用Fashion Mnist数据集中的训练集的60,000个图像来训练网络，使用10,000个图像来评估网络学习对图像分类的准确率。在训练模型之前，先浏览一下训练集的格式。以下代码显示训练集中有60,000个图像，每个图像由28×28的像素表示，如图1-2-9所示。

train_images.shape

(60000, 28, 28)

图1-2-9 训练集格式

同样，训练集中有60,000个标签，每个标签都是一个0到9之间的整数，如图1-2-10所示。

len(train_labels)
train_labels

array([9, 0, 0, ..., 3, 0, 5], dtype=uint8)

图1-2-10 训练集标签

动手练习1

- 提前思考测试集图片数据test_images的维度应该是多少，并使用shape方法在<1>处填写代码查看维度，使用len()函数在<2>处填写代码查看长度。
- 提前思考测试集标签数据test_labels的维度应该是多少，并使用shape方法在<3>处填写代码查看维度，使用len()函数在<4>处填写代码查看长度。

<1> #查看test_images维度
<2> #查看test_images长度
<3> #查看test_labels维度
<4> #查看test_labels维度

步骤5 预处理数据。在训练网络之前，必须对数据进行预处理。检查训练集中的第一个图像，如图1-2-11所示，会看到像素值处于0到255之间。

train_images[0]

使用matplotlib库中的函数来直接显示此图像，如图1-2-12所示。

```
plt.figure()
plt.imshow(train_images[0])
plt.colorbar()
plt.grid(False)
plt.show()
```

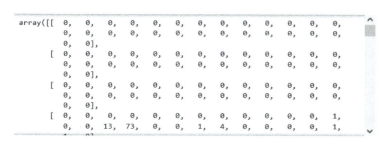

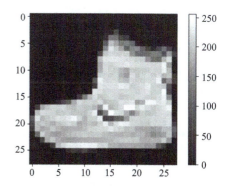

图1-2-11 第一个图像的像素值　　　　图1-2-12 显示第一个图像

预处理方式为：将这些值缩小至0到1之间。为此，将这些值除以255。务必以相同的方式对训练集和测试集进行预处理。

动手练习❷

- 在<1>处填写代码，将train_images数据集的值缩小至0到1之间。
- 在<2>处填写代码，将test_images数据集的值缩小至0到1之间。

train_images = <1>
test_images = <2>

如果结果如图1-2-13所示，说明代码正确。

图1-2-13 动手练习2输出结果

2. 模型搭建

步骤1 添加神经层。神经网络的基本组成部分是层，层会从向其转送的数据中提取表示形式。大多数深度学习都会将简单的层链接在一起，大多数层（如tf.keras.layers.Dense）都具有在训练期间才会学习的参数。

```
model = keras.Sequential([
    keras.layers.Flatten(input_shape=(28, 28)),
    keras.layers.Dense(128, activation='relu'),
    keras.layers.Dense(10)
])
```

函数说明

- Flatten()展平层，将张量展开，不做计算。
- Dense()全连接层。

该网络的第一层tf.keras.layers.Flatten将图像格式从二维数组（28×28px）转换成一维数组（28×28=784px），将该层视为图像中未堆叠的像素行并将其排列起来。该层没有要学习的参数，它只会重新格式化数据。

展平像素后，网络会包括两个tf.keras.layers.Dense层的序列。它们是密集连接或全连接神经层。第一个Dense层有128个节点（神经元），第二层会返回一个长度为10的logits数组。每个节点都包含一个得分，用来表示当前图像属于10个类中的哪类。

步骤2 编译模型。在准备对模型进行训练之前，还需要再对其进行一些设置。以下内容是在模型的编译步骤中添加的，参数输出如图1-2-14所示。

1）损失函数：用于测量模型在训练期间的准确率。让此函数的值最小化，以便将模型"引导"到正确的方向上。

2）优化器：决定模型如何根据其得到的数据和自身的损失函数进行更新。

3）指标：用于监控训练和测试步骤。以下示例使用的是准确率，即被正确分类的图像的比例。

```
model.compile(optimizer='adam',loss=tf.keras.losses.SparseCategoricalCrossentropy(from_logits=True),metrics=['accuracy'])
model.summary()
```

函数说明

tf.keras.Model.compile(optimizer, loss, metrics)

- optimizer：模型训练使用的优化器，可从tf.keras.optimizers中选择。
- loss：模型优化时使用的损失值类型，可从tf.keras.losses中选择。
- metrics：训练过程中返回的矩阵评估指标，可从tf.keras.metrics中选择。

```
Model: "sequential"
_____
Layer (type)                 Output Shape              Param #
=================================================================
flatten (Flatten)            (None, 784)               0
_____
dense (Dense)                (None, 128)               100480
_____
dense_1 (Dense)              (None, 10)                1290
=================================================================
Total params: 101,770
Trainable params: 101,770
Non-trainable params: 0
_____
```

图1-2-14 模型参数输出

3. 模型训练与评估

步骤1 向模型转送数据。调用model.fit方法开始训练，这样命名是因为该方法会将模型与训练数据进行"拟合"。

动手练习❸

- 在<1>处填写训练集的图片数组。
- 在<2>处填写训练集的标签数组。
- 在<3>处填写迭代次数，10～20之间的任意整数。

model.fit(<1>, <2>, epochs=<3>)

模型能正确训练，且准确率在迭代10次以后能达到0.91（或91%）左右，说明代码正确。

函数说明

tf.keras.Model.fit(x, y, batch_size, epochs, validation_data)

- x：训练集数组。
- y：训练集标签数组。
- batch_size：批处理数量。
- epochs：迭代次数。
- validation_data：验证集的图片和标签数组。

步骤2 评估准确率。比较模型在测试数据集上的表现。

函数说明

tf.keras.Model.evaluate(x, y, batch_size=None, verbose=1):

- x：测试集数组。
- y：测试集标签数组。
- batch_size：批处理数量。（此次省略）
- verbose：模式选择，0为静音模式，1为正常模式，有处理进度条。

动手练习❹

- 在<1>处填写测试集的图片数组。
- 在<2>处填写测试集的标签数组。

```
test_loss, test_acc = model.evaluate(<1>, <2>, verbose=1)
print('\nTest accuracy:', test_acc)
```

测试集的准确率如果略低于训练数据集，说明代码正确。

步骤3 模型预测。在模型经过训练后，可以对一些图像进行预测。模型具有线性输出，即logits数组。可以附加一个Softmax层，将logits转换成更容易理解的概率。

```
probability_model = tf.keras.Sequential([model, tf.keras.layers.Softmax()])
predictions = probability_model.predict(test_images)
```

步骤3中，模型预测了测试集中每个图像的标签。输出第一个预测结果，如图1-2-15所示。

```
predictions[0]
```

```
array([1.6338677e-31, 2.3160453e-24, 0.0000000e+00, 8.5054019e-20,
       0.0000000e+00, 1.9818635e-03, 0.0000000e+00, 2.9491756e-02,
       1.8404742e-21, 9.6852630e-01], dtype=float32)
```

图1-2-15 预测结果

测试预测的结果，查看每个标签的置信度经过Softmax()处理之后，相加是否为1。

```
a = 0
for i in predictions[0]:
    a+=i
print(a)
```

预测结果是一个包含10个数字的数组。它们代表模型对10种不同服装中每种服装的置信度。可以查看哪个标签的置信度值最大。

```
np.argmax(predictions[0])
```

函数说明

np.argmax()：返回数组中最大值的index。

结果为"9"，因此，该模型非常确信这个图像是短靴，即class_names[9]。通过检查测试集标签发现这个图像的标签为"9"，说明这个分类是正确的。也可以将其绘制成图表，看看模型对于全部10个类的预测。

步骤4 验证预测结果。下面查看第1个图像（i=0）的预测结果和预测数组。正确的预测标签为蓝色，错误的预测标签为红色，数字表示预测标签的置信度百分比（总计为100）。

```
i = 0
plt.figure(figsize=(6,3))
plt.subplot(1,2,1)
plot_image(i, predictions[i], test_labels, test_images)
plt.subplot(1,2,2)
plot_value_array(i, predictions[i], test_labels)
plt.show()
```

输出结果如图1-2-16所示。

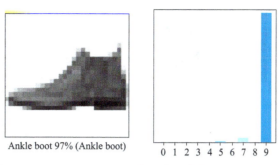

图1-2-16　第1个图像的输出结果

再查看第13个图像（i=12）的输出结果。

```
i = 12
plt.figure(figsize=(6,3))
plt.subplot(1,2,1)
plot_image(i, predictions[i], test_labels, test_images)
plt.subplot(1,2,2)
plot_value_array(i, predictions[i],  test_labels)
plt.show()
```

输出结果如图1-2-17所示。

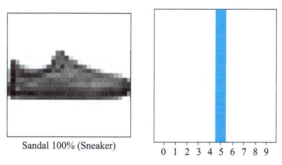

图1-2-17　第13个图像的输出结果

再绘制几张图像的预测结果，如图1-2-18所示。请注意，即使置信度很高，模型也可能出错。

```
# 绘制前 X 个测试图像的预测标签和真实标签。
# 蓝色表示正确预测，红色表示错误预测。
num_rows = 5
num_cols = 3
num_images = num_rows*num_cols
plt.figure(figsize=(2*2*num_cols, 2*num_rows))
for i in range(num_images):
    plt.subplot(num_rows, 2*num_cols, 2*i+1)
    plot_image(i, predictions[i], test_labels, test_images)
    plt.subplot(num_rows, 2*num_cols, 2*i+2)
    plot_value_array(i, predictions[i], test_labels)
plt.tight_layout()
plt.show()
```

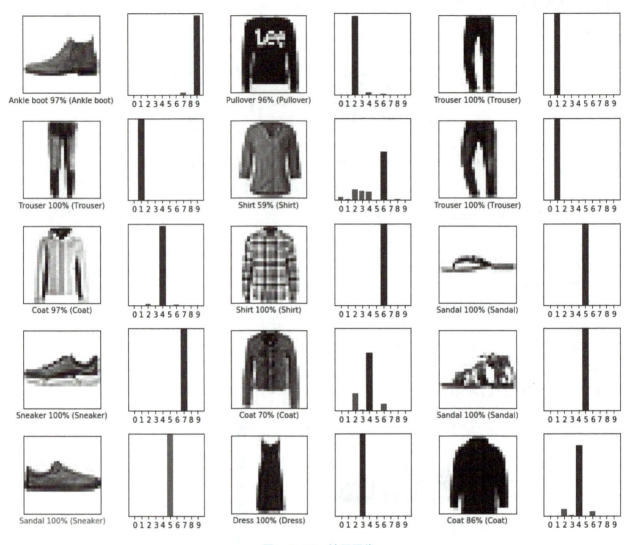

图1-2-18 结果图像

4. 模型预测

从测试数据集中抓取一个图像进行预测,输出抓取的图像维度如图1-2-19所示。

```
# 从测试数据集中抓取图像。
img = test_images[1]
print(img.shape)
```

(28, 28)

图1-2-19 抓取的图像维度

tf.keras模型经过了优化,可同时对一组样本进行预测。因此,即使只使用一个图像,也需要将其添加到列表中,输出结果如图1-2-20所示。

```
# 将图像添加到列表中。
img = (np.expand_dims(img,0))
print(img.shape)
```

(1, 28, 28)

图1-2-20 添加到列表后的输出结果

下面预测这个图像的标签，输出预测结果如图1-2-21所示。

函数说明

tf.keras.Model.predict(x, batch_size=None, verbose=0)

- x：图像数据数组
- batch_size：批处理数量。
- verbose：模式选择，0为静音模式，1为正常模式，有处理进度条。

动手练习❺

- 在<1>处填写上方获得的图像数据数组变量。

predictions_single = probability_model.predict(<1>)
np.argmax(predictions_single[0])

np.argmax()函数输出结果为"2"说明练习填写正确。

plot_value_array(1, predictions_single[0], test_labels)
plt_x = plt.xticks(range(10), class_names, rotation=45)

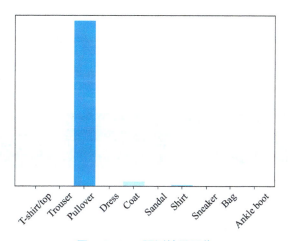

图1-2-21 预测结果图像

keras.Model.predict会返回一组列表，每个列预测表对应一组数据中的每个图像。获取本任务所选的一个图像的预测标签：

# 输出预测标签
np.argmax(predictions_single[0])

该模型会按照预期预测标签，预测标签为"2"。

任务小结

本任务介绍了深度学习中的神经网络，包括其中的神经元、激活函数、损失函数和过拟合、欠拟合的概念及解决方法。之后通过任务实施，完成了模型搭建、训练、评估与预测，同时对相关参数进行了详细解释。

通过本任务的学习，读者可对分类模型的建立、模型训练过程有更深入的了解，在实践中逐渐熟悉模型训练环境准备过程，正确使用脚本和命令，学会模型评估的方法等。本任务的思维导图如图1-2-22所示。

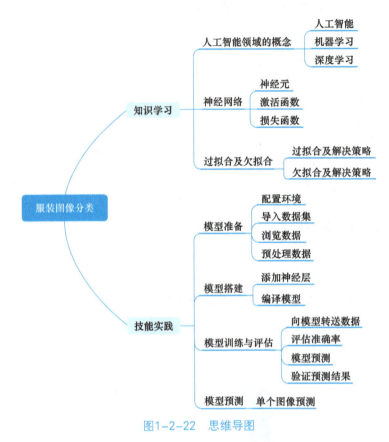

图1-2-22　思维导图

任务3　Keras Tuner超参数调节

知识目标

- 熟悉Keras的工作流程、特性与模型。
- 了解Keras Tuner的含义与工作流程。
- 掌握超参数的含义及超参数的调节方法。

能力目标

- 能够掌握Keras Tuner的使用方法。
- 能够掌握使用最优超参数训练模型的方法。

素质目标

- 具备解决问题、克服困难的意志和勇气。

- 具备积极动手、勇于探索和开拓创新的精神。

任务分析

任务描述：

使用Keras Tuner进行超参数调节，进行调节后的模型训练并实现模型评估。

任务要求：

- 实现数据集的下载与处理。
- 使用Keras Tuner构建模型。
- 实现超参数调节，并使用调节后的超参数进行模型训练。
- 实现模型评估。

任务计划

根据所学相关知识，制订本任务的任务计划表，见表1-3-1。

表1-3-1 任务计划表

项目名称	使用TensorFlow实现服装图像分类
任务名称	Keras Tuner超参数调节
计划方式	自主设计
计划要求	请用5个计划步骤来完整描述出如何完成本任务
序　号	任　务　计　划
1	
2	
3	
4	
5	

知识储备

1. Keras概述

　　Keras是一个使用Python编写的开源人工神经网络库，可以作为TensorFlow、Microsoft-CNTK和Theano的高阶应用程序接口，进行深度学习模型的设计、调试、评估、应用和可视化。Keras的Logo如图1-3-1所示。

图1-3-1　Keras的Logo

（1）Keras工作流程

典型的Keras工作流程：①定义训练数据，输入张量和目标张量；②定义层组成的网络，将输入映射到目标；③配置学习过程，选择损失函数、优化器和需要监控的指标；④调用模型的fit方法在训练数据上进行迭代，显示准确率；⑤使用predict函数预测目标结果。

（2）Keras特性

Keras在代码结构上由面向对象方法编写，完全模块化并具有可扩展性，其运行机制和说明文档将用户体验和使用难度纳入考虑，并试图简化复杂算法的实现难度。Keras支持现代人工智能领域的主流算法，包括前馈结构和递归结构的神经网络，也可以通过封装参与构建统计学习模型。在硬件和开发环境方面，Keras支持多操作系统下的多GPU并行计算，可以根据后台设置转化为TensorFlow、Microsoft-CNTK等系统下的组件。

Keras具有以下重要特性：

1）相同的代码可以在CPU或GPU上无缝切换运行。

2）具有用户友好的API，便于快速开发深度学习模型的原型。

3）内置支持卷积网络、循环网络以及二者的任意组合。

4）支持任意网络架构：多输入或多输出模型、层共享、模型共享等。

（3）Keras模型

Keras有两种类型的模型，序贯模型（Sequential）和函数式模型（Model），函数式模型应用更为广泛，序贯模型是函数式模型的一种特殊情况。

序贯模型：单输入单输出，一条路通到底，层与层之间只有相邻关系，没有跨层连接。这种模型编译速度快，操作也比较简单。

函数式模型：多输入多输出，层与层之间任意连接。相比于序列化模型，函数化模型显示定义隐含层的张量，因此可以更容易地搭建非序列化的模型，具有更好的可扩展性。

2. Keras Tuner简介

（1）Keras Tuner概述

Keras Tuner是一个分布式超参数优化框架，能够在定义的超参数空间里寻找最优参数配置。内置有贝叶斯优化、Hyperband和随机搜索等算法。在本任务中，将使用Keras Tuner对图像分类应用执行超参数调节。

（2）Keras Tuner工作流程

Keras Tuner工作流程如图1-3-2所示，首先定义一个调谐器，它的作用是确定应测试哪些超参数组合。然后由库搜索功能执行迭代循环，该循环评估一定数量的超参数组合。接着使用验证集训练模型的准确性来执行评估。最后根据验证精度，将最好的超参数组合在测试集上进行测试。

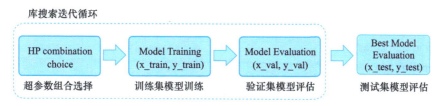

图1-3-2　Keras Tuner工作流程

3. 超参数介绍

（1）超参数解释

超参数是控制训练过程和机器学习模型拓扑的变量。这些变量在训练过程中保持不变，并会直接影响程序的性能。超参数有两种类型：①模型超参数，影响模型的选择，例如隐藏层的数量和宽度。②算法超参数，影响学习算法的速度和质量，例如随机梯度下降（SGD）的学习率以及K近邻（KNN）分类器的近邻数。

（2）超参数调节

为机器学习应用选择正确的超参数集，称为超参数调节或超调。超参数优化或调整是选择可提供最佳性能的超参数的最佳组合的过程，存在各种自动优化技术。

1）网格搜索。在所有候选的参数选择中，通过循环遍历，尝试每一种可能性，表现最好的参数就是最终的结果，其原理就像是在数组里找最大值。

2）随机搜索。是指在目标位置基本服从均匀分布的条件下，搜索轨迹随机且均匀散布在目标分布区域内的一种搜索方式。常用的随机搜寻算法主要包括模拟退火算法、遗传算法、局部搜索算法、蚁群搜索算法、进化策略等。

3）贝叶斯搜索。是一种基于概率模型的全局优化方法，通过构建目标函数的概率模型来寻找最优超参数。首先利用已有的观测数据训练一个高斯过程模型；然后利用该模型预测未观测点的目标函数值和不确定性；接着使用一个采集函数来确定下一个采样点，该采集函数平衡了探索（Exploration）和利用（Exploitation）的权衡；最后，根据采集函数的结果选择新的超参数组合进行评估，并更新高斯过程模型。这个过程会不断迭代，直到满足停止条件。

4）基于梯度的优化。对于特定的学习算法，可以计算相对于超参数的梯度，然后使用梯度下降优化超参数。这些技术的第一次使用集中在神经网络中，之后这些方法已经扩展到其他模型，如支持向量机和逻辑回归模型。

1. 任务准备

步骤1　环境配置。首先进行环境配置，运行该项目需要预装的依赖库如下：

```
!sudo pip install tensorflow==2.5.0
# 安装Keras Tuner
!sudo pip install keras-tuner
import tensorflow as tf
from tensorflow import keras
import keras_tuner as kt
```

步骤2 导入Fashion MNIST数据集并进行数据集预处理。在本任务中,将使用Keras Tuner为机器学习模型找到最佳超参数,并将图像像素值归一化至0到1之间。

动手练习❶

- 在<1>处填写代码,使用函数载入Fashion MNIST数据集。
- 在<2>处填写代码,将img_train数据集的值缩小至0到1之间。
- 在<3>处填写代码,将img_test数据集的值缩小至0到1之间。

```
(img_train, label_train), (img_test, label_test) = <1>
# 归一化像素值至0到1之间
img_train = <2>
img_test = <3>
```

2. 构建模型

为超调设置的模型称为超模型,可以通过两种方式定义超模型:

1)使用模型构建工具函数。

2)将Keras Tuner API的HyperModel类子类化。

还可以将两个预定义的HyperModel类(HyperXception和HyperResNet)用于计算机视觉应用。

在本任务中,将使用模型构建工具函数来定义图像分类模型。模型构建工具函数将返回已编译的模型,并使用内嵌方式定义的超参数对模型进行超调。

Keras Tuner API使用hp进行参数遍历,常用方法介绍如下。

函数说明

- hp.Int:

`hp_units = hp.Int('units', min_value=1, max_value=100, step=5)`

  - name:字符型(str),参数的名字,必须唯一。
  - min_value:整型(int),范围的最小值。
  - max_value:整型(int),范围的最大值。
  - step:步长。

- hp.Choice:

`hp_learning_rate = hp.Choice('learning_rate', values=[0.5, 0.6, 0.8])`

- name：字符型（str），参数的名字，必须唯一。
- values：值的类型可以是int、float、str或bool，所有的值必须是一个类型。

动手练习❷

- 在<1>处填写代码，使得参数的取值范围为32～512。
- 在<2>处填写代码，填写模型输出层的节点个数，对应Fashion MNIST数据标签的总个数。
- 在<3>处填写代码，设置最佳学习率的备选方案，值为0.01、0.001、0.0001。

```
def model_builder(hp):
    model = keras.Sequential()
    model.add(keras.layers.Flatten(input_shape=(28, 28)))
    # 调整第一个 Dense 层中的节点数
    # 选择 32～512 之间的最佳值
    hp_units = hp.Int('units', min_value=<1>, max_value=<1>, step=32)
    model.add(keras.layers.Dense(units=hp_units, activation='relu'))
    model.add(keras.layers.Dense(<2>))
    # 调整优化器的学习率
    # 从 0.01、0.001 或 0.0001 中选择一个最佳值
    hp_learning_rate = hp.Choice('learning_rate', values=[<3>, <3>, <3>])
    model.compile(optimizer=keras.optimizers.Adam(learning_rate=hp_learning_rate),loss=keras.losses.SparseCategoricalCrossentropy(from_logits=True),metrics=['accuracy'])
    return mode
```

3. 执行超调

步骤1 实例化调节器。Keras Tuner提供了四种调节器：RandomSearch、Hyperband、BayesianOptimization和Sklearn。在本任务中，使用Hyperband调节器。

函数说明

keras_tuner.Hyperband(hypermodel,objective,max_epochs,factor=3,director,project_name)

- hypermodel：构建的Hypermodel模型实例。
- objective：优化的参照标准。
- max_epoch：训练一个模型的最大迭代次数。
- factor：模型消减因子，默认为3。
- director：调节日志输出文件夹名。
- project_name：项目名称。

要实例化Hyperband调节器，必须指定超模型、要优化的objective和要训练的最大周期数(max_epochs)。

```
tuner = kt.Hyperband(model_builder,objective='val_accuracy', max_epochs=10,factor=3, directory='output',project_name='intro_to_kt')
```

Hyperband调节算法使用自适应资源分配和早停法来快速收敛到高性能模型。算法会将大量模型训练多个周期，并仅将性能最高的一半模型送入下一轮训练。Hyperband通过计算1+logfactor(max_epochs)并将其向上取整来确定要训练的模型的数量。

步骤2 创建回调以在验证损失达到特定值后提前停止训练。

```
# patience=5：达到5次后停止
stop_early = tf.keras.callbacks.EarlyStopping(monitor='val_loss', patience=5)
```

步骤3 运行超参数搜索。除了上面介绍的回调外，搜索方法的参数也与tf.keras.model.fit所用的参数相同。

动手练习❸

- 在<1>处填写训练集的图片数组。
- 在<2>处填写训练集的标签数组。

```
tuner.search(<1>, <2>, epochs=50, validation_split=0.2, callbacks=[stop_early])
# 获取最佳超参数
best_hps=tuner.get_best_hyperparameters(num_trials=1)[0]
print(f"""超参数搜索已完成。 第一个全连接层的最佳节点数为：{best_hps.get('units')}，最佳学习率为：{best_hps.get('learning_rate')}。""")
```

搜索操作的运行时间较长，大致10min以上，请耐心等待。能进行搜索说明填写正确，结果如图1-3-3所示。

```
Trial 32 Complete [00h 00m 59s]
val_accuracy: 0.8556666374206543

Best val_accuracy So Far: 0.8880000114440918
Total elapsed time: 00h 16m 41s
INFO:tensorflow:Oracle triggered exit

超参数搜索已完成。 第一个全连接层的最佳节点数为： 448 ，最佳学习率为： 0.001。
```

图1-3-3 超参数搜索结果

4. 训练模型

步骤1 构建模型。使用从搜索中获得的超参数找到训练模型的最佳周期数，代码运行结果如图1-3-4所示。

```
# 使用最佳超参数构建模型，并训练迭代50次
model = tuner.hypermodel.build(best_hps)
history = model.fit(img_train, label_train, epochs=50, validation_split=0.2)
val_acc_per_epoch = history.history['val_accuracy']
best_epoch = val_acc_per_epoch.index(max(val_acc_per_epoch)) + 1 # 最佳epoch为index + 1
print('最佳的 epoch 为: %d' % (best_epoch,))
```

```
Epoch 47/50
1500/1500 [==============================] - 10s 6ms/step - loss: 0.0808 - accu
racy: 0.9687 - val_loss: 0.4794 - val_accuracy: 0.8937
Epoch 48/50
1500/1500 [==============================] - 9s 6ms/step - loss: 0.0769 - accur
acy: 0.9713 - val_loss: 0.5001 - val_accuracy: 0.8942
Epoch 49/50
1500/1500 [==============================] - 9s 6ms/step - loss: 0.0746 - accur
acy: 0.9712 - val_loss: 0.5002 - val_accuracy: 0.8977
Epoch 50/50
1500/1500 [==============================] - 9s 6ms/step - loss: 0.0768 - accur
acy: 0.9712 - val_loss: 0.5482 - val_accuracy: 0.8878
最佳的 epoch 为：43
```

图1-3-4 找到最佳周期数

步骤2 实例化超模型。重新实例化超模型并使用上面的最佳周期数对其进行训练。

```
hypermodel = tuner.hypermodel.build(best_hps)
hypermodel.fit(img_train, label_train, epochs=best_epoch, validation_split=0.2)
```

5. 评估模型

函数说明

tf.keras.Model.evaluate(x, y, batch_size=None, verbose=1)

- x：测试集图片数组；y：测试集标签数组。
- batch_size：批处理数量。
- verbose：模式选择，0为静音模式，1为正常模式，有处理进度条。

动手练习❹

- 在<1>处填写测试集的图片数组。
- 在<2>处填写测试集的标签数组。

```
eval_result = hypermodel.evaluate(<1>, <2>, verbose=1)
print("[test loss, test accuracy]:", eval_result)
```

开始评估模型说明代码正确。

任务小结

本任务首先介绍了Keras的工作流程、特性，Keras Tuner超参数调节工具和超参数的基本概念，并介绍了超参数调节的方法。之后通过任务实施，完成模型构建、超参数调节、模型训练和模型评估等步骤。

通过本任务的学习，读者可对如何使用Keras Tuner调节模型的超参数有更深入的了解，在实践中逐渐熟悉模型构建，熟悉使用实例化调节器方法进行超参数调节，进一步练习了模型训练和评估过程。本任务的思维导图如图1-3-5所示。

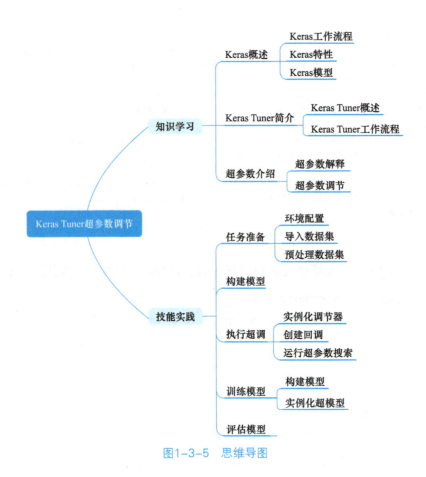

图1-3-5 思维导图

项目 2

使用TensorFlow实现文本分类

项目导入

"Hi，Siri！今天多少度？""预计今日最低气温7摄氏度，最高气温15摄氏度。"

"你好，Siri！播放歌曲《我和我的祖国》""好的，为您播放歌曲《我和我的祖国》。"

这是使用苹果公司的人工智能语音助手Siri的日常典型对话。你有没有好奇过Siri是如何理解人类语言的？Siri的工作过程其实就是自然语言处理在实践中应用的一个典型案例。

除此之外，情感分析也是种有趣的自然语言处理应用，对文本数据中包含的情绪进行解析和分类，衡量人们的观点倾向。例如被用来分析观众对电影的评论或由该电影引起的情绪状态，又例如将在线客户对产品或服务的反馈按照正面或负面的体验进行分类。情感分析最简单的形式是根据传达情感的特定词语，如"爱""恨""高兴""伤心"或"生气"，对文本进行分类。这种情绪分析方法已经存在了很长时间，但由于其简单性，实际应用非常有限。如今的情感分析使用基于统计和深度学习方法的自然语言处理方法对文本进行分类，能够处理复杂的、自然发音的文本。越来越多的企业开始对情感分析感兴趣，因为其可以在客户偏好、满意度和意见反馈等方面提供有助于市场活动和产品设计的数据。

自然语言处理（Natural Language Processing，NLP）是一门融合了计算机科学、人工智能及语言学的交叉学科，它们的关系如图2-0-1所示。这门学科研究的是如何通过机器学习等技术，让计算机学会处理人类语言，乃至实现终极目标——理解人类语言或人工智能。

本项目通过构建自定义神经网络和使用预训练模型两种方式来实现自然语言处理中最简单的任务之一：文本分类。

图2-0-1　自然语言处理与其他学科关系

深度学习技术应用

在本任务中，使用评论文本将影评分为积极（positive）或消极（negative）两类，也就是文本的情感分析。这是一个二元（binary）或者二分类问题，一种重要且应用广泛的机器学习问题。本项目将使用来源于网络电影数据库（Internet Movie Database）的IMDB数据集（IMDB Dataset），其包含50,000条影评文本。从该数据集切割出的25,000条评论用作训练，另外25,000条用作测试。训练集与测试集是平衡的，意味着它们包含相等数量的积极和消极评论。

任务1　自定义神经网络对电影评论文本分类

知识目标

- 了解自然语言处理的发展历史、核心技术及应用研究。
- 了解文本分类的相关知识。
- 熟悉情感分析的概念和方法。

能力目标

- 能够掌握自定义神经网络对文本分类的方法。

素质目标

- 具备积极、拓展的思维能力。
- 具备主动、进取的探索精神。

任务分析

任务描述：

了解自然语言处理的相关知识，构建神经网络模型，利用下载的IMDB数据集进行模型训练和模型评估。

任务要求：

- 下载IMDB数据集并对其进行预处理。
- 构建神经网络模型。
- 完成模型训练。
- 绘制损失值图像和准确率图像。

任务计划

根据所学相关知识，制订本任务的任务计划表，见表2-1-1。

表2-1-1 任务计划表

项目名称	使用TensorFlow实现文本分类
任务名称	电影评论文本分类
计划方式	自主设计
计划要求	请用5个计划步骤来完整描述出如何完成本任务
序　号	任　务　计　划
1	
2	
3	
4	
5	

1. 自然语言处理

自然语言处理（Natural Language Processing，NLP）是计算机科学领域与人工智能领域中的一个重要方向。它研究能实现人与计算机之间用自然语言进行有效通信的各种理论和方法。自然语言处理主要应用于机器翻译、舆情监测、自动摘要、观点提取、文本分类、问题回答、文本语义对比、语音识别、中文文字识别等方面。

（1）NLP发展史

最早的自然语言理解方面的研究工作是机器翻译。1949年，美国人威弗首先提出了机器翻译设计方案。其发展主要分为三个阶段。

1）早期自然语言处理。第一阶段（20世纪60～80年代）：基于规则来建立词汇、句法语义分析、问答、聊天和机器翻译系统。好处是规则可以利用人类的内省知识，不依赖数据，可以快速起步；问题是覆盖面不足，像个"玩具"系统，规则管理和可扩展一直没有解决。

2）统计自然语言处理。第二阶段（20世纪90年代开始）：基于统计的机器学习开始流行，很多NLP开始用基于统计的方法来做。主要思路是利用带标注的数据，基于人工定义的特征建立机器学习系统，并利用数据经过学习确定机器学习系统的参数。利用这些学习得到的参数，对输入数据进行解码，得到输出。机器翻译、搜索引擎都是利用统计方法获得了成功。

3）神经网络自然语言处理。第三阶段（2008年之后）：深度学习开始在语音和图像领域发挥威力。随之，NLP研究者开始把目光转向深度学习。先是把深度学习用于特征计算或者建立一个新的特征，然后在原有的统计学习框架下体验效果。目前已在机器翻译、问答、阅读理解等领域取得了进展，出现了深度学习的热潮。

（2）NLP应用研究

自然语言处理就是在机器语言和人类语言之间沟通的桥梁，以实现人机交流的目的。自然语言处理的日常应用如图2-1-1所示。

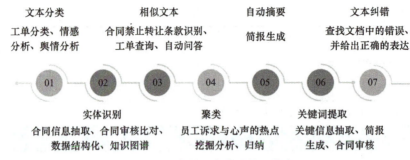

图2-1-1 自然语言处理的日常应用

1）词法分析。基于大数据和用户行为分词后，对词性进行标注、命名实体识别，消除歧义，识别文本中具有特定意义的实体，包括人名、地名、职位名、产品名词等。它是实体识别、信息提取、问答系统、句法分析、机器翻译等应用领域的重要基础工具，作为结构化信息提取的重要步骤。应用场景：各大手机厂商语音助手。以分词和词性标注为基础，分析语音命令中的关键名词、动词、数量、时间等，快速理解用户命令的含义，迅速反馈提高用户体验。

2）文本分类。对文章按照内容类型（体育、教育、财经、社会、军事等）进行自动分类，为文章聚类、文本内容分析等应用提供基础支持。文本分类对文章内容进行深度分析，输出文章的主题一级分类、主题二级分类，在个性化推荐、文章聚合、文本内容分析等场景具有广泛的应用价值。

3）文本纠错。识别文本中有错误的片段，进行错误提示并给出正确的建议文本内容，是使搜索引擎、语音识别、内容审查等功能更好地运行的基础模块之一。文本纠错能显著提高这些场景下的语义准确性和用户体验。应用场景：写作类平台。在内容写作平台上内嵌纠错模块，可在作者写作时自动检查并提示错别字情况，从而降低因疏忽导致的错误表述，有效提升作者的文章写作质量，同时给用户更好的阅读体验。

4）情感分析。能够对文本信息进行"情感"上的正向、负向及中性的评价。情感分析一般根据不同行业语料进行标注，根据不同的模型获得最佳的情感判断准确率。应用场景：评论分析与决策，通过对产品多维度评论观点进行倾向性分析，可帮助商家进行产品分析，辅助用户进行消费决策；评论分类，通过对评论进行情感倾向性分析，将不同用户对同一事件或对象的评论内容按情感极性予以分类展示；舆情监控，通过对需要舆情监控的实时文字数据流进行情感倾向性分析，把握用户对热点信息的情感倾向性变化。

5）机器翻译。它将信息从一种语言翻译成另一种。当机器完成相同的操作时，要处理的是如何进行机器翻译。机器翻译的目的是开发计算机算法以自动翻译而无须任何人工干预。考虑到人类语言固有的模糊性和灵活性，机器翻译颇具挑战性。人类在认知过程中会对语言进行解释或理解，并在许多层面上进行翻译，而机器处理的只是数据、语言形式和结构，现在还不能做到深度理解语言含义。

2. 文本分类

（1）文本分类概念

文本分类（Text Classification）指的是将一个文档归类到一个或多个类别中的自然语言处理任务。用计算机对文本按照一定的分类体系或标准进行自动分类标记。应用场景涵盖垃圾邮件过滤、垃圾评论过滤、自动标签、情感分析等任何需要自动归档文本的场合。

文本的类别有时又称作标签，所有类别组成了标注集，文本分类输出结果一定属于标注集。文本分类是一个典型的监督学习任务，其流程离不开人工指导，人工标注文档的类别，利用语料训练模型，利用模型预测文档的类别。

伴随着信息的爆炸式增长，人工标注数据已经变得耗时、质量低下，且受到标注人主观意识的影响。因此，利用机器自动化实现对文本的标注变得具有现实意义，将重复且枯燥的文本标注任务交由计算机处理能够有效克服以上问题，同时所标注的数据具有一致性、高质量等特点。

（2）分类输入数据

分类输入数据是指来自有限选择集的一个或多个离散项的输入特征。例如，它可以是用户观看的电影集、文档中的单词集或人的职业。

分类数据通过稀疏张量（Sparse Tensors）表示最有效，稀疏张量是具有非常少的非零元素的张量。例如，如果正在构建电影推荐模型，可以为每个可能的电影分配一个唯一的ID，然后通过用户观看过的电影的稀疏张量来表示每个用户，如图2-1-2所示。

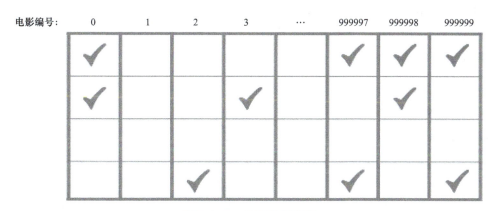

图2-1-2　电影分类数据

上图中矩阵的每一行是捕获用户的电影观看历史的示例，被表示为稀疏张量，因为每个用户可能观看的是所有电影的一小部分。最后一行对应于稀疏张量[2,999997,999999]，使用电影图标上方显示的词索引。

同样，人们可以将单词、句子和文档表示为稀疏向量，词汇表中的每个单词的作用与示例中的电影类似。

（3）文本分类过程

文本分类一般包括了文本的表达、分类器的选择与训练、分类结果的评价与反馈等过程，其中文本的表达又可细分为文本预处理、索引、统计、特征抽取等步骤。文本分类系统的总体功能模块为：

1）预处理：将原始语料格式化为同一格式，便于后续的统一处理。

2）索引：将文档分解为基本处理单元，同时降低后续处理的开销。

3）统计：词频统计，项（单词、概念）与分类的相关概率。

4）特征抽取：从文档中抽取出反映文档主题的特征。

5）分类器：分类器的训练。

6）评价：分类器的测试结果分析。

3. 情感分析

文本情感分析是对带有情感色彩的主观性文本进行分析、处理、归纳和推理的过程。如微博评论、大众点评上都产生了大量的用户参与的、对于人物、事件、产品等有价值的评论信息。表达了人们的各种情感色彩倾向性，如喜、怒、哀、乐和批评、赞扬等。潜在的用户可以通过浏览这些主观色彩的评论来了解大众舆论对于某一事件或产品的看法。

文本情感分析指的是提取文本中的主观信息的一种NLP任务，其具体目标通常是找出文本对应的正负情感态度。情感分析可以在实体、句子、段落乃至文档上进行。本任务介绍文档级别的情感分析，当然也适用于段落和句子。对于情感分析而言，只需要准备标注了正负情感的大量文档，就能将其视作普通的文本分类任务来解决。

> **知识拓展**
>
> 扫一扫，了解自然语言技术原理、情感分析层次及方法。

文本情感分析的基本流程如图2-1-3所示，包括从原始文本爬取、文本预处理、语料库和情感词库构建，以及情感分析结果等全流程。

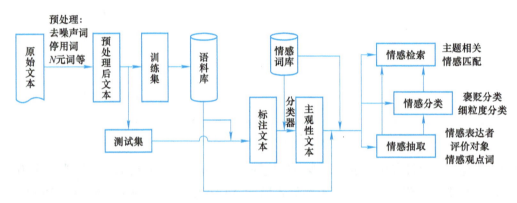

图2-1-3　文本情感分析的基本流程

1. 环境配置

步骤1　安装依赖包。

```
# 安装TensorFlow
!sudo pip install tensorflow==2.3.0 -i https://pypi.mirrors.ustc.edu.cn/simple/
!sudo pip install tensorflow-datasets==2.1.0
# 安装 matplotlib
!sudo pip install matplotlib
```

步骤2　导入依赖包。

```
import tensorflow as tf
from tensorflow import keras
import numpy as np
print(tf.__version__)
```

2. 数据集准备

步骤1 下载IMDB数据集。IMDB数据集已经打包在TensorFlow中，该数据集已经过预处理，评论（单词序列）已经被转换为整数序列，其中每个整数表示字典中的特定单词。参数num_words=10000保留了训练数据中最常出现的10,000个单词。为了保持数据规模的可管理性，低频词将被丢弃。

```
# 下载IMDB数据集到平台
imdb = keras.datasets.imdb
(train_data, train_labels), (test_data, test_labels) = imdb.load_data(num_words=10000)
```

步骤2 了解数据格式。该数据集中每个样本都是一个表示影评中词汇的整数数组。每个标签都是一个值为0或1的整数值，其中0代表消极评论，1代表积极评论。

```
# 查看训练数据个数和标签个数
print("训练集数据个数: {}, 标签个数: {}".format(len(train_data), len(train_labels)))
```

评论文本被转换为整数值，其中每个整数代表词典中的一个单词。首条评论如图2-1-4所示。

```
# 查看首条评论
print(train_data[0])
```

[1, 14, 22, 16, 43, 530, 973, 1622, 1385, 65, 458, 4468, 66, 3941, 4, 173, 36, 256, 5, 25, 100, 43, 838, 112, 50, 670, 2, 9, 35, 480, 284, 5, 150, 4, 172, 112, 167, 2, 336, 385, 39, 4, 1 72, 4536, 1111, 17, 546, 38, 13, 447, 4, 192, 50, 16, 6, 147, 2025, 19, 14, 22, 4, 1920, 4613, 469, 4, 22, 71, 87, 12, 16, 43, 530, 38, 76, 15, 13, 1247, 4, 22, 17, 515, 17, 12, 16, 626, 18, 2, 5, 62, 386, 12, 8, 316, 8, 106, 5, 4, 2223, 5244, 16, 480, 66, 3785, 33, 4, 130, 12, 16, 38, 619, 5, 25, 124, 51, 36, 135, 48, 25, 1415, 33, 6, 22, 12, 215, 28, 77, 52, 5, 14, 40 7, 16, 82, 2, 8, 4, 107, 117, 5952, 15, 256, 4, 2, 7, 3766, 5, 723, 36, 71, 43, 530, 476, 26, 400, 317, 46, 7, 4, 2, 1029, 13, 104, 88, 4, 381, 15, 297, 98, 32, 2071, 56, 26, 141, 6, 19 4, 7486, 18, 4, 226, 22, 21, 134, 476, 26, 480, 5, 144, 30, 5535, 18, 51, 36, 28, 224, 92, 25, 104, 4, 226, 65, 16, 38, 1334, 88, 12, 16, 283, 5, 16, 4472, 113, 103, 32, 15, 16, 5345, 1 9, 178, 32]

图2-1-4 显示首条评论

电影评论可能具有不同的长度。以下代码显示了第一条和第二条评论中的单词数量。结果发现第一个单词数量为218，第二个单词数量为189。由于神经网络的输入必须是统一的长度，所以后面需要解决这个问题。

```
# 查看第一条和第二条评论中的单词数量
len(train_data[0]), len(train_data[1])
```

步骤3 将整数转换回单词。下载映射单词到整数索引的词典。

```
# 一个映射单词到整数索引的词典
word_index = imdb.get_word_index()
# 保留第一个索引
word_index = {k:(v+3) for k,v in word_index.items()}
word_index["<PAD>"] = 0
word_index["<START>"] = 1
word_index["<UNK>"] = 2  # unknown
word_index["<UNUSED>"] = 3
reverse_word_index = dict([(value, key) for (key, value) in word_index.items()])
def decode_review(text):
    return ' '.join([reverse_word_index.get(i, '?') for i in text])
```

现在可以使用decode_review函数来显示train_data的首条评论的文本。

动手练习❶ 使用函数将整数转换回单词。

- 在<1>处填写参数，使用decode_review函数，查看train_data的第一个索引的文本。

    decode_review(<1>)

    运行结果与图2-1-5一致说明答案正确。

"<START> this film was just brilliant casting location scenery story direction everyone's really suited the part they played and you could just imagine being there robert <UNK> is an amazing actor and now the same being director <UNK> father came from the same scottish island as myself so i loved the fact there was a real connection with this film the witty remarks throughout the film were great it was just brilliant so much that i bought the film as soon as it was released for <UNK> and would recommend it to everyone to watch and the fly fishing was amazing really cried at the end it was so sad and you know what they say if you cry at a film it must have been good and this definitely was also <UNK> to the two little boy's that played the <UNK> of norman and paul they were just brilliant children are often left out of the <UNK> list i think because the stars that play them all grown up are such a big profile for the whole film but these children are amazing and should be praised for what they have done don't you think the whole story was so lovely because it was true and was someone's life after all that was shared with us all"

图2-1-5 查看train_data的第一个索引的文本

步骤4 数据处理。整数数组必须在输入神经网络之前转换为张量。这种转换可以通过以下两种方式来完成：

1）将数组转换为表示单词出现与否的由0和1组成的向量，类似于one-hot编码。例如，序列[3,5]将转换为一个10,000维的向量，该向量除了索引为3和5的位置是1以外，其他都为0。然后将其作为网络的首层，一个可以处理浮点型向量数据的稠密层。不过，这种方法需要大量的内存，需要一个大小为num_words × num_reviews的矩阵。

2）填充数组来保证输入数据具有相同的长度，然后创建一个大小为max_length × num_reviews的整型张量。可以使用能够处理此形状数据的嵌入层作为网络中的第一层。

在本任务中，使用第二种方法。由于电影评论长度必须相同，将使用pad_sequences函数来使长度标准化。

动手练习❷ 填写参数。

- 在<1>处，填写训练集数据变量。
- 在<2>处，填写maxlen的参数，设置序列最大长度为256。
- 在<3>处，填写测试集数据变量。
- 在<4>处，填写maxlen的参数，设置序列最大长度为256。

```
train_data = keras.preprocessing.sequence.pad_sequences(<1>, value=word_index["<PAD>"], padding='post', maxlen=<2>)
test_data = keras.preprocessing.sequence.pad_sequences(<3>, value=word_index["<PAD>"], padding='post', maxlen=<4>)
len(train_data[0]), len(train_data[1])
print(train_data[0])
```

样本长度打印结果为（256,256）说明答案部分正确，检查一下首条评论，如果打印结果与图2-1-6一致，说明答案正确。

```
[   1   14   22   16   43  530  973 1622 1385   65  458 4468   66 3941
    4  173   36  256    5   25  100   43  838  112   50  670    2    9
   35  480  284    5  150    4  172  112  167    2  336  385   39    4
  172 4536 1111   17  546   38   13  447    4  192   50   16    6  147
 2025   19   14   22    4 1920 4613  469    4   22   71   87   12   16
   43  530   38   76   15   13 1247    4   22   17  515   17   12   16
  626   18    2    5   62  386   12    8  316    8  106    5    4 2223
 5244   16  480   66 3785   33    4  130   12   16   38  619    5   25
  124   51   36  135   48   25 1415   33    6   22   12  215   28   77
   52    5   14  407   16   82    2    8    4  107  117 5952   15  256
    4    2    7 3766    5  723   36   71   43  530  476   26  400  317
   46    7    4    2 1029   13  104   88    4  381   15  297   98   32
 2071   56   26  141    6  194 7486   18    4  226   22   21  134  476
   26  480    5  144   30 5535   18   51   36   28  224   92   25  104
    4  226   65   16   38 1334   88   12   16  283    5   16 4472  113
  103   32   15   16 5345   19  178   32    0    0    0    0    0    0
    0    0    0    0    0    0    0    0    0    0    0    0    0    0
    0    0    0    0    0    0    0    0    0    0    0    0    0    0
    0    0    0    0]
```

图2-1-6　首条评论打印结果

函数说明

keras.preprocessing.sequence.pad_sequences(sequences, maxlen=None, padding='pre', value=0):

- sequences：浮点数或整数构成的两层嵌套列表。
- maxlen：None或整数，为序列的最大长度。大于此长度的序列将被截短，小于此长度的序列将在后部填0。
- padding：pre或post，当需要补0时，在序列的起始或结尾补（默认为pre）。
- value：浮点数，此值将在填充时代替默认的填充值0。

3. 模型构建

步骤1 构建分类器。神经网络由堆叠的层来构建，从两方面来进行体系结构决策：第一，模型里有多少层；第二，每个层里有多少隐藏单元（Hidden Units）。

在此样本中，输入数据包含一个单词索引的数组，要预测的标签为0或1。为该问题构建一个模型，各层按顺序堆叠以构建分类器。第一层是嵌入（Embedding）层，该层采用整数编码的词汇表，并查找每个词索引的嵌入向量（Embedding Vector），这些向量是通过模型训练学习到的。向量为输出数组增加了一个维度，得到的维度为（batch, sequence, embedding）。接下来，GlobalAveragePooling1D函数将通过对序列维度求平均值来为每个样本返回一个定长输出向量，模型可以以尽可能简单的方式处理变长输入。该定长输出向量通过一个有16个隐藏单元的全连接（Dense）层传输，最后一层与单个输出节点密集连接。使用Sigmoid激活函数，其函数值为介于0与1之间的浮点数，表示概率或置信度。

动手练习❸ 填写参数。

- 从'relu'或'sigmoid'中挑选激活函数，在<1>处填写，并思考为什么选择此激活函数。
- 从'relu'或'sigmoid'中挑选激活函数，在<2>处填写，并思考为什么选择此激活函数。

```
# 输入形状是用于电影评论的词汇数目（10,000 词）
vocab_size = 10000
model = keras.Sequential()
```

```
model.add(keras.layers.Embedding(vocab_size, 16))
model.add(keras.layers.GlobalAveragePooling1D())
model.add(keras.layers.Dense(16, activation=<1>))
model.add(keras.layers.Dense(1, activation=<2>))
model.summary()
```

如果打印结果与图2-1-7一致，说明答案正确。

```
Model: "sequential"
_____
Layer (type)                 Output Shape              Param #
=================================================================
embedding (Embedding)        (None, None, 16)          160000
_____
global_average_pooling1d (Gl (None, 16)                0
_____
dense (Dense)                (None, 16)                272
_____
dense_1 (Dense)              (None, 1)                 17
=================================================================
Total params: 160,289
Trainable params: 160,289
Non-trainable params: 0
```

图2-1-7　代码打印结果

步骤2　配置优化器和损失函数。一个模型需要损失函数和优化器来进行训练。由于这是一个二分类问题且模型输出概率值（一个使用Sigmoid激活函数的单一单元层），下面将使用binary_crossentropy损失函数。这不是损失函数的唯一选择，例如，可以选择mean_squared_error。但是，一般来说binary_crossentropy更适合处理概率——它能够度量概率分布之间的"距离"，在本任务中指的是度量ground-truth 分布与预测值之间的"距离"。

```
model.compile(optimizer='adam',
              loss='binary_crossentropy',
              metrics=['accuracy'])
```

函数说明

tf.keras.Model.compile(optimizer, loss, metrics)

- optimizer：模型训练使用的优化器，可以从tf.keras.optimizers中选择。
- loss：模型优化时使用的损失值类型，可以从tf.keras.losses中选择。
- metrics：训练过程中返回的矩阵评估指标，可以从tf.keras.metrics中选择。

4. 模型训练

步骤1　创建验证集。在训练时，检查模型在未见过的数据上的准确率（Accuracy）。通过从原始训练数据中分离10,000个样本来创建一个验证集。那么为什么现在不使用测试集？这是因为目标是只使用训练数据来开发和调整模型，然后只使用一次测试数据来评估准确率。

```
x_val = train_data[:10000]
partial_x_train = train_data[10000:]

y_val = train_labels[:10000]
partial_y_train = train_labels[10000:]
```

步骤2 训练模型。以512个样本的mini-batch大小迭代40个epoch来训练模型。这是指对partial_x_trai和partial_y_trainn张量中所有样本的40次迭代。在训练过程中，监测来自验证集的10,000个样本上的损失值和准确率。

> **动手练习❹** 填写参数。

- 在<1>处填写分离后的训练集数据数组变量。
- 在<2>处填写分离后的训练集标签数组变量。
- 在<3>处填写迭代次数，迭代40次。
- 在<4>处填写批处理数量，为512。
- 在<5>处填写验证集的数据数组变量。
- 在<6>处填写验证集的标签数组变量。

history = model.fit(<1>,<2>,epochs=<3>,batch_size=<4>,validation_data=(<5>, <6>),verbose=1)

填写完成后，代码能成功运行，且测试集准确率在40次迭代后能提升到95%以上，验证集准确率在80%以上，如图2-1-8所示，说明正确。

```
Epoch 29/40
30/30 [==============================] - 1s 35ms/step - loss: 0.1460 - accuracy: 0.9555 - val_loss: 0.2864 - val_accuracy: 0.8863
Epoch 30/40
30/30 [==============================] - 1s 37ms/step - loss: 0.1411 - accuracy: 0.9565 - val_loss: 0.2860 - val_accuracy: 0.8860
Epoch 31/40
30/30 [==============================] - 1s 35ms/step - loss: 0.1348 - accuracy: 0.9601 - val_loss: 0.2869 - val_accuracy: 0.8852
Epoch 32/40
30/30 [==============================] - 1s 35ms/step - loss: 0.1295 - accuracy: 0.9625 - val_loss: 0.2887 - val_accuracy: 0.8862
Epoch 33/40
30/30 [==============================] - 1s 37ms/step - loss: 0.1250 - accuracy: 0.9636 - val_loss: 0.2911 - val_accuracy: 0.8843
Epoch 34/40
30/30 [==============================] - 1s 34ms/step - loss: 0.1206 - accuracy: 0.9653 - val_loss: 0.2921 - val_accuracy: 0.8849
Epoch 35/40
30/30 [==============================] - 1s 35ms/step - loss: 0.1156 - accuracy: 0.9680 - val_loss: 0.2938 - val_accuracy: 0.8854
Epoch 36/40
30/30 [==============================] - 1s 32ms/step - loss: 0.1116 - accuracy: 0.9691 - val_loss: 0.2971 - val_accuracy: 0.8837
Epoch 37/40
30/30 [==============================] - 1s 35ms/step - loss: 0.1075 - accuracy: 0.9703 - val_loss: 0.2986 - val_accuracy: 0.8844
Epoch 38/40
30/30 [==============================] - 1s 34ms/step - loss: 0.1035 - accuracy: 0.9721 - val_loss: 0.3013 - val_accuracy: 0.8840
Epoch 39/40
30/30 [==============================] - 1s 35ms/step - loss: 0.0998 - accuracy: 0.9732 - val_loss: 0.3045 - val_accuracy: 0.8831
Epoch 40/40
30/30 [==============================] - 1s 35ms/step - loss: 0.0967 - accuracy: 0.9749 - val_loss: 0.3067 - val_accuracy: 0.8833
```

图2-1-8 代码运行结果

函数说明

tf.keras.Model.fit(x, y, batch_size,epochs,validation_data)

- optimizer：模型训练使用的优化器，可以从tf.keras.optimizers中选择，这里为batch_size。
- loss：模型优化时使用的损失值类型，可以从tf.keras.losses中选择，这里为epochs。
- metrics：训练过程中返回的矩阵评估指标，可以从tf.keras.metrics中选择，这里为validation_data。

5. 模型评估

步骤1 计算准确率。结果输出如图2-1-9所示。

```
results = model.evaluate(test_data, test_labels, verbose=2)
print(results)
```

```
782/782 - 2s - loss: 0.3274 - accuracy: 0.8728
[0.32738733291625977, 0.8728399872779846]
```

图2-1-9 准确率结果

这种十分朴素的方法得到了约87%的准确率。若采用更好的方法，模型的准确率可能接近95%。

model.fit()返回History对象，该对象包含一个字典，其中包含训练阶段的相关参数，如图2-1-10所示。

```
history_dict = history.history
history_dict.keys()
```

```
dict_keys(['loss', 'accuracy', 'val_loss', 'val_accuracy'])
```

图2-1-10 相关参数结果显示

完整代码如下：

```
import matplotlib.pyplot as plt
loss = history_dict['loss']
val_loss = history_dict['val_loss']
acc = history_dict['accuracy']
val_acc = history_dict['val_accuracy']
epochs = range(1, len(acc) + 1)
```

步骤2 绘制损失值图像。图2-1-10中的参数有四个，在训练和验证期间，每个参数对应一个监控指标。可以使用这些参数来绘制训练与验证过程的损失值和准确率，以便进行比较。绘制图像代码如下，结果如图2-1-11所示。

```
# "bo"代表"蓝点"
plt.plot(epochs, loss, 'bo', label='Training loss')
# b代表"蓝色实线"
plt.plot(epochs, val_loss, 'b', label='Validation loss')
plt.title('Training and Validation loss')
plt.xlabel('Epochs')
plt.ylabel('Loss')
plt.legend()

plt.show()
```

函数说明

- **plt.plot(x, y, style, label)**：根据数据画图。
  - x：横坐标对应数值。
  - y：纵坐标对应数值。
  - style：绘图风格。
  - label：标签名。
- **plt.xlabel**：给横坐标命名。
- **plt.ylabel**：给纵坐标命名。
- **plt.legend**：新增图例。
- **plt.show()**：展示图表。

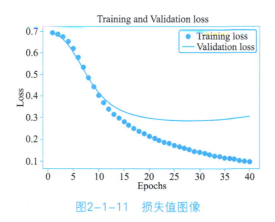

图2-1-11 损失值图像

步骤3 绘制准确率图像,代码如下,结果如图2-1-12所示。

```
plt.clf()  # 清除数字
plt.plot(epochs, acc, 'bo', label='Training acc')
plt.plot(epochs, val_acc, 'b', label='Validation acc')
plt.title('Training and validation accuracy')
plt.xlabel('Epochs')
plt.ylabel('Accuracy')
plt.legend()
plt.show()
```

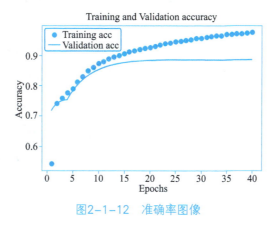

图2-1-12 准确率图像

可以发现训练的模型在训练集上有着良好的表现,而在验证集(实际测试中)准确率和损失值的表现有着明显的下滑。说明模型已经发生了过拟合现象。

任务小结

本任务首先介绍了自然语言处理的基本知识和概念,包括自然语言处理的发展史和技术应用,从而引出了文本分类的相关知识,包括分类输入数据、情感分析的概念、层次和分析方法。之后通过任务实施,完成了构建自定义神经网络对IMDB数据集的二元分类问题。

通过本任务的学习,读者可对自然语言处理和文本分类的基本知识和概念有更深入的了解,在实践中逐渐熟悉数据集预处理、自定义神经网络构建,正确使用脚本和命令,学会模型评估的方法等。本任务的思维导图如图2-1-13所示。

深度学习技术应用

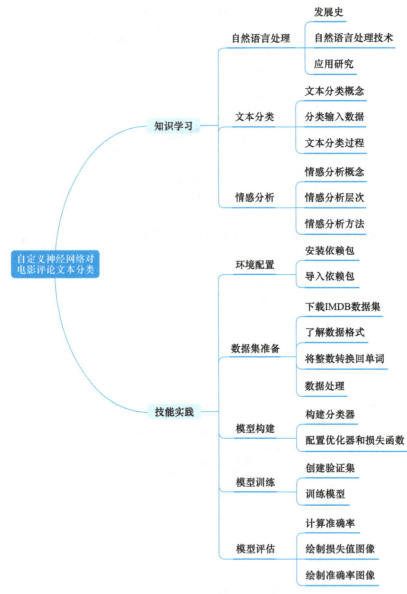

图2-1-13 思维导图

任务2 使用Keras和TensorFlow Hub对电影评论文本分类

知识目标

- 了解TensorFlow Hub的概念及应用。
- 熟悉迁移学习的意义、方式和基本方法。
- 了解文本嵌入与词向量的概念。

能力目标

- 能够掌握构建含预训练层的模型的方法。
- 能够使用Keras构建模型进行文本分类。
- 能够掌握TensorFlow Hub模型的训练过程。
- 能够掌握评估模型准确率的方法并进行预测。

素质目标

- 具备积极、拓展的思维能力。
- 具备严谨、细致的工作态度。

任务分析

任务描述：

对下载电影评论数据集进行预处理，使用Keras进行预训练模型构建、模型训练以及评估。

任务要求：

- 下载IMDB数据集并对其进行预处理。
- 下载预训练模型并进行修改以完成模型训练。
- 完成模型评估，得到80%以上的准确率。

任务计划

根据所学相关知识，制订本任务的任务计划表，见表2-2-1。

表2-2-1 任务计划表

项目名称	使用TensorFlow实现文本分类
任务名称	使用Keras和TensorFlow Hub对电影评论文本分类
计划方式	自主设计
计划要求	请用5个计划步骤来完整描述出如何完成本任务
序　号	任　务　计　划
1	
2	
3	
4	
5	

知识储备

1. TensorFlow Hub

模型训练需要大量时间与计算资源。为了提升资源利用率与工作效率，优化模型训练表现，人们开发了TensorFlow Hub以促进模型的再利用。这个模型库中包含了独立的TensorFlow计算图、权重及数据，可将预训练模型片段重复应用在新的任务上，只需几行代码即可重复使用经过训练的模型，如BERT和Faster R-CNN。

机器学习模型内部的组成部分可以使用TensorFlow Hub进行打包和共享。除了共享架构本身，还可共享预先训练好的模型、开发模型的计算时间和数据集。TensorFlow Hub库是一个在TensorFlow中进行发布和重用的机器学习模块的平台。下面来看几个具体的例子。

（1）图像再训练

首先，从少量的训练数据开始——图像分类器。现代图像识别模型具有数百万个参数，如果从头开始训练，就需要大量的标记数据和强大的计算能力。使用图像再训练技术，就可以使用很少的数据来训练模型，并且计算时间也少得多。

基本思想是用一个现成的图像识别模块从图像中提取特征训练一个新的分类器。TensorFlow Hub模块可以在构建TensorFlow图时通过URL进行实例化。TensorFlow Hub上有多种模块可供选择，包括NASNet、MobileNet、Inception、ResNet等。想要使用某一模块，首先导入TensorFlow Hub，然后将模块的URL地址复制/粘贴到代码中即可。

每个模块都有一个已定义的接口，在不了解其内在结构的情况下，也能够替换使用。这个模块提供了一个检索预期图像大小的方法：只需提供一组有正确形状的图像，然后调用该模块来检索图像的特征表示。该模块负责对图像进行预处理，可以直接将图像转换为其特征表示，然后构建一个线性模型或其他类型的分类器。TensorFlow Hub上提供的图像模块如图2-2-1所示。

图2-2-1　TensorFlow Hub上提供的图像模块

（2）文本分类

如果想训练一个模型：将电影评论分为正面或负面，但是只有少量的训练数据（比如只有几百个正面和负面的电影评论）。由于训练数据有限，因此打算使用之前庞大的语料库上训练过的词嵌入数据集。以下是使用TensorFlow Hub的思路。

首先选择一个模块。TensorFlow Hub提供了多种文本模块，包括基于各种语言的神经网络语言模型，如图2-2-2所示。

NNLM embedding trained on Google News		
Embedding from a neural network language model trained on Google News dataset.		
	50 dimensions	128 dimensions
English	nnlm-en-dim50 nnlm-en-dim50-with-normalization	nnlm-en-dim128 nnlm-en-dim128-with-normalization
Japanese	nnlm-ja-dim50 nnlm-ja-dim50-with-normalization	nnlm-ja-dim128 nnlm-ja-dim128-with-normalization
German	nnlm-de-dim50 nnlm-de-dim50-with-normalization	nnlm-de-dim128 nnlm-de-dim128-with-normalization

图2-2-2　TensorFlow Hub的文本模块

接下来使用一个模块来进行文本嵌入。使用上面的代码下载一个模块，用来对一个句子进行预处理，然后检索每个块的嵌入，这就意味着可以直接将数据集中的句子转换为适合分类器的格式。该模块负责标记句子和其他逻辑（如处理词典外的单词）。预处理逻辑和嵌入都封装在一个模块中，使得在各种不同的数据集上的文字嵌入和预处理策略变得更加容易，而不必对代码进行大幅度的变动。

TensorFlow Hub不仅用于图像和文本分类，也用于句子编码器、Progressive GAN和Google地标深层特征的其他模块。使用TensorFlow Hub模块时需要考虑几个重要因素：首先，记住模块包含的可运行的代码，一定要使用可信来源的模块；其次，正如所有的机器学习一样，公平性是一个很重要的因素。当重复使用预选训练好的大数据集时，注意其包含的数据是否存在偏差，以及这些是如何影响正在构建的模型和用户的。

2. 文本嵌入

（1）文本嵌入的概念

文本嵌入（Text Embeddings）是字符串的实值向量表示形式。可以为每个单词构建一个稠密的向量，以便它与出现在相似上下文中的单词向量相似。对于大多数深度NLP任务而言，词嵌入被认为是一个很好的起点。它们允许深度学习在较小的数据集上有效，因为它们通常是深度学习体系结构的第一批输入，也是NLP中最流行的迁移学习方式。词嵌入中最流行的方法是Google的Word2vec和Stanford的GloVe。

（2）词向量（Embedding）介绍

输入模型的分类数是来自有限选择集的一个或多个离散项的输入特征。分类数据通过稀疏张量（Sparse Tensors）表示最有效，稀疏张量是具有非常少的非零元素的张量，所以需要先将单词表示成向量（张量）。

最简单的方法是为词汇表中的每个单词定义一个带有节点的巨型输入层，或者至少为数据中出现的每个单词定义一个节点。如果数据中出现500,000个唯一单词，则可以表示为长度为500,000向量的单词，并将每个单词分配给向量中的一个位置。如果将"horse"分配给索引1247，然后将"horse"提供给网络，则可以将1复制到第1247个输入节点，将0复制到所有其余节点。这种表示称为one-hot编码，因为只有一个索引具有非零值。

更典型地，向量可能包含更大块文本中的单词计数，这被称为"词袋（Bag of Words）"表示。在一个词袋向量中，500,000个节点中有部分具有非零值。但是无论怎么确定非零值，一个节点（一个单词）都会得到非常稀疏的输入向量，也是非常大的向量，但是只具有相对较少的非零值。所以需要更有效地将数据表现出来，并能体现数据之间的关系。Embedding将大型稀疏向量转换为保留语义关系的低维空间。即使是一个很小的多维空间也可以自由地将语义相似的item组合在一起，并使不同的item隔开。向量空间中的位置（距离和方向）可以把语义编码到一个好的Embedding中。

例如，以下真实的Embedding可视化显示了捕获的语义关系，如图2-2-3所示。

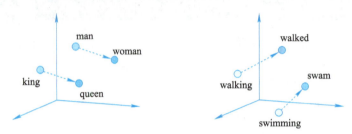

图2-2-3　Embedding可视化

知识拓展

你了解迁移学习吗？扫一扫，了解迁移学习的概念、意义、方式以及基本方法吧。

任务实施

1. 环境配置

步骤1 安装所需的依赖包。本任务使用的TensorFlow版本为2.3.0。

```
!sudo pip install tensorflow==2.3.0
!sudo pip install tensorflow-hub
!sudo pip install tensorflow-datasets==2.1.0
!sudo pip install tfds-nightly
!sudo pip install matplotlib
```

步骤2 导入依赖包。

```
import numpy as np
import tensorflow as tf
import tensorflow_hub as hub
import tensorflow_datasets as tfds
from tensorflow import keras

print("Version: ", tf.__version__)
print("Eager mode: ", tf.executing_eagerly())
print("Hub version: ", hub.__version__)
print("GPU is", "available" if tf.config.experimental.list_physical_devices("GPU") else "NOT AVAILABLE"
```

2. 数据集准备

步骤1 下载IMDB数据集并将数据集分成训练集、验证集和测试集。

```
# 将训练集分成 60% 和 40%，最终得到 15,000 个样例
# 训练的时候 10,000 个样例用于验证，25,000 个样例用于测试
train_data, validation_data, test_data = tfds.load(
    name="imdb_reviews",
    data_dir="dataset",
    split=('train[:60%]', 'train[60%:]', 'test'),
    as_supervised=True,
    download=False)
```

函数说明

tfds.load(name, split=None, data_dir=None, download=True, as_supervised=False):

- name：数据集的名字。
- split：对数据集切分。
- data_dir：数据的位置或者数据下载的位置。
- download：是否下载。
- as_supervised：返回元组（默认返回值是字典类型）。

步骤2 查看数据。每个样本都是一个代表电影评论的句子和一个相应的标签，句子未经过任何预处理；标签是个整数值（0或1），其中0表示负面评价，1表示正面评价，如图2-2-4所示。

```
train_examples_batch, train_labels_batch = next(iter(train_data.batch(10)))
train_examples_batch
train_labels_batch
```

<tf.Tensor: shape=(10,), dtype=int64, numpy=array([0, 0, 0, 1, 1, 1, 0, 0, 0, 0])>

图2-2-4 数据结果

3. 构建模型

步骤1 载入预训练嵌入层。神经网络由堆叠的层来构建，这需要从三个主要方面来进行体系结构决策：第一，如何表示文本；第二，模型里有多少层；第三，每个层里有多少隐层单元。

本任务中，输入数据由句子组成，预测的标签为0或1。表示文本的一种方式是将句子转换为嵌入向量。使用一个预训练文本嵌入向量作为首层，具有以下优点：不必担心文本预处理；可以从迁移学习中受益；嵌入具有固定长度，更易于处理。

在此次任务中，将使用来自TensorFlow Hub的预训练文本嵌入向量模型，名称为google/nnlm-en-dim50/2。已经下载完成并放入out_put文件夹中。此次任务还可以使用来自TFHub的许多其他预训练文本嵌入向量（请自行下载并设置好参数）。

深度学习技术应用

1）google/nnlm-en-dim128/2-基于与google/nnlm-en-dim50/2相同的数据并使用相同的NNLM架构进行训练，但具有更大的嵌入向量维度。更大维度的嵌入向量可以改进任务，但可能需要更长的时间来训练模型。

2）google/nnlm-en-dim128-with-normalization/2与google/nnlm-en-dim128/2相同，但具有额外的文本归一化，例如移除标点符号。如果任务中的文本包含附加字符或标点符号，则会有所帮助。

3）google/universal-sentence-encoder/4是一个可产生512维嵌入向量的更大模型，使用深度平均网络（DAN）编码器训练。

首先创建一个使用TensorFlow Hub的模型嵌入语句的Keras层，并在几个输入样本中进行尝试。注意，无论输入文本的长度如何，嵌入输出的形状都是：(num_examples, embedding_dimension)。

动手练习1 填写预训练层模型路径地址。

- 在<1>处填写下载好的google/nnlm-en-dim50/2模型的文件夹地址。

```
embedding = <1>
hub_layer = hub.KerasLayer(embedding, input_shape=[], dtype=tf.string, trainable=True)
hub_layer(train_examples_batch[:3])
```

运行代码后，结果与图2-2-5一致说明代码正确。

```
<tf.Tensor: shape=(3, 50), dtype=float32, numpy=
array([[ 0.5423195 , -0.0119017 ,  0.06337538,  0.06862972, -0.16776837,
        -0.10581174,  0.16865303, -0.04998824, -0.31148055,  0.07910346,
         0.15442263,  0.01488662,  0.03930153,  0.19772711, -0.12215476,
        -0.04120981, -0.2704109 , -0.21922152,  0.26517662, -0.80739075,
         0.25833532, -0.3100421 ,  0.28683215,  0.1943387 , -0.29036492,
         0.03862849, -0.7844411 , -0.0479324 ,  0.4110299 , -0.36388892,
        -0.58034706,  0.30269456,  0.3630897 , -0.15227164, -0.44391504,
         0.19462997,  0.19528408,  0.05666234,  0.2890704 , -0.28468323,
        -0.00531206,  0.0571938 , -0.3201318 , -0.04418665, -0.08550783,
        -0.55847436, -0.23336391, -0.20782952, -0.03543064, -0.17533456],
       [ 0.56338924, -0.12339553, -0.10862679,  0.7753425 , -0.07667089,
        -0.15752277,  0.01872335, -0.08169781, -0.3521876 ,  0.4637341 ,
        -0.08492756,  0.07166859, -0.00670817,  0.12686075, -0.19326553,
        -0.52626437, -0.3295823 ,  0.14394785,  0.09043556, -0.5417555 ,
         0.02468163, -0.15456742,  0.68333143,  0.09068331, -0.45327246,
         0.23180096, -0.8615696 ,  0.34480393,  0.12838456, -0.58759046,
        -0.4071231 ,  0.23061076,  0.48426893, -0.27128142, -0.5380916 ,
         0.47016326,  0.22572741, -0.00830663,  0.2846242 , -0.304985  ,
         0.04400365,  0.25025874,  0.14867121,  0.40717036, -0.15422426,
        -0.06878027, -0.40825695, -0.3149215 ,  0.09283665, -0.20183425],
       [ 0.7456154 ,  0.21256861,  0.14400336,  0.5233862 ,  0.11032254,
         0.00902788, -0.3667802 , -0.08938274, -0.24165542,  0.33384594,
        -0.11194605, -0.01460047, -0.0071645 ,  0.19562712,  0.00685216,
        -0.24886718, -0.42796347,  0.18620004, -0.05241098, -0.66462487,
         0.13449019, -0.22205497,  0.08633006,  0.43685386,  0.2972681 ,
         0.36140734, -0.7196889 ,  0.05291241, -0.14316116, -0.1573394 ,
        -0.15056328, -0.05988009, -0.08178931, -0.15569411, -0.09303783,
        -0.18971172,  0.07620788, -0.02541647, -0.27134508, -0.3392682 ,
        -0.10296468, -0.27275252, -0.34078008,  0.20083304, -0.26644835,
         0.00655449, -0.05141488, -0.04261917, -0.45413622,  0.20023568]],
      dtype=float32)>
```

图2-2-5 动手练习1结果图像

步骤2　层按顺序堆叠以构建模型。第一层是TensorFlow Hub层，此层使用预训练的SaveModel将句子映射到其嵌入向量。使用的预训练文本嵌入向量模型google/nnlm-en-dim50/2可将句子拆分为词例，嵌入每个词例，然后组合嵌入向量，生成的维度是（num_examples，embedding_dimension）。对于此NNLM模型，embedding_dimension是50，该定长输出向量通过一个有16个隐层单元的全连接层（Dense）进行管道传输，最后层与单个输出节点相连。使用的激活函数是Sigmoid函数，值为0与1之间的浮点数，表示概率或置信水平。

动手练习❷　按照上方要求填写隐藏层参数。

- 在<1>处填写代码，将hub_layer添加进模型当中。
- 在<2>处填写代码，在Dense()全连接层中填写合适参数。
- 在<3>处填写代码，在Dense()全连接层中填写合适参数。

```
model = tf.keras.Sequential()
model.add(<1>)
model.add(tf.keras.layers.Dense(<2>, activation='relu'))
model.add(tf.keras.layers.Dense(<3>))
model.summary()
```

运行代码后，结果与图2-2-6一致说明代码正确。

```
Model: "sequential"
_____
Layer (type)                 Output Shape              Param #
=================================================================
keras_layer (KerasLayer)     (None, 50)                48190600
_____
dense (Dense)                (None, 16)                816
_____
dense_1 (Dense)              (None, 1)                 17
=================================================================
Total params: 48,191,433
Trainable params: 48,191,433
Non-trainable params: 0
_____
```

图2-2-6　动手练习2结果图像

步骤3　编译模型。一个模型需要一个损失函数和一个优化器来训练。由于这是一个二元分类问题，并且模型输出Logit（具有线性激活的单一单元层），因此将使用binary_crossentropy损失函数。这并非损失函数的唯一选择，例如，还可以选择mean_squared_error。但是一般来说，binary_crossentropy更适合处理概率问题，它可以测量概率分布之间的"距离"，在本任务中是指真实分布与预测值之间的差距。现在配置模型来使用优化器和损失函数：

```
model.compile(optimizer='adam',
              loss=tf.keras.losses.BinaryCrossentropy(from_logits=True), metrics=['accuracy'])
```

函数说明

tf.keras.Model.compile(optimizer, loss, metrics)

- **optimizer**：模型训练使用的优化器，可以从tf.keras.optimizers中选择。
- **loss**：模型优化时使用的损失值类型，可以从tf.keras.losses中选择。
- **metrics**：训练过程中返回的矩阵评估指标，可以从tf.keras.metrics中选择。

4. 模型训练与评估

步骤1 训练模型。使用包含512个样本的mini-batch对模型进行10个周期的训练，也就是在x_train和y_train张量中对所有样本进行10次迭代。在训练时，监测模型在验证集的10,000个样本上的损失和准确率，结果如图2-2-7所示。

```
history = model.fit(train_data.shuffle(10000).batch(512),
                    epochs=10,
                    validation_data=validation_data.batch(512),
                    verbose=1)
```

函数说明

tf.keras.Model.fit(x, y, batch_size, epochs, validation_data)

- x：训练集数组。
- y：训练集标签数组。
- batch_size：批处理数量（此次省略）。
- epochs：迭代次数。
- validation_data：验证集数据和标签数组。

```
30/30 [==============================] - 59s 2s/step - loss: 0.6699 - accuracy: 0.5198 - val_loss: 0.6192 - val_accuracy: 0.5917
Epoch 2/10
30/30 [==============================] - 58s 2s/step - loss: 0.5593 - accuracy: 0.6640 - val_loss: 0.5224 - val_accuracy: 0.7080
Epoch 3/10
30/30 [==============================] - 57s 2s/step - loss: 0.4402 - accuracy: 0.7926 - val_loss: 0.4272 - val_accuracy: 0.8088
Epoch 4/10
30/30 [==============================] - 58s 2s/step - loss: 0.3256 - accuracy: 0.8711 - val_loss: 0.3590 - val_accuracy: 0.8356
Epoch 5/10
30/30 [==============================] - 57s 2s/step - loss: 0.2383 - accuracy: 0.9121 - val_loss: 0.3234 - val_accuracy: 0.8577
Epoch 6/10
30/30 [==============================] - 57s 2s/step - loss: 0.1778 - accuracy: 0.9406 - val_loss: 0.3087 - val_accuracy: 0.8661
Epoch 7/10
30/30 [==============================] - 56s 2s/step - loss: 0.1321 - accuracy: 0.9607 - val_loss: 0.3043 - val_accuracy: 0.8683
Epoch 8/10
30/30 [==============================] - 57s 2s/step - loss: 0.0973 - accuracy: 0.9743 - val_loss: 0.3091 - val_accuracy: 0.8693
Epoch 9/10
30/30 [==============================] - 56s 2s/step - loss: 0.0686 - accuracy: 0.9852 - val_loss: 0.3178 - val_accuracy: 0.8694
Epoch 10/10
30/30 [==============================] - 57s 2s/step - loss: 0.0473 - accuracy: 0.9915 - val_loss: 0.3329 - val_accuracy: 0.8695
```

图2-2-7 训练模型

步骤2 评估模型。查看模型的表现如何，将返回两个值：损失值（loss）（一个表示误差的数字，值越低越好）与准确率（accuracy），如图2-2-8所示。

```
196/196 [==============================] - 5s 24ms/step - loss: 0.7556 - accuracy: 0.4857
loss: 0.756
accuracy: 0.486
```

图2-2-8 评估模型

任务小结

本任务首先介绍了TensorFlow工具——TensorFlow Hub和Keras。接着介绍了迁移学习，包括迁移学习的概念、意义和方式。之后通过任务实施，完成了使用Keras和TensorFlow Hub对IMDB数据集进行二元分类。

通过本任务的学习，读者可对文本分类模型的建立、模型训练过程有更深入的了解，在实践中逐渐熟悉模型训练环境准备过程，正确使用脚本和命令，学会模型评估的方法等。本任务的思维导图如图2-2-9所示。

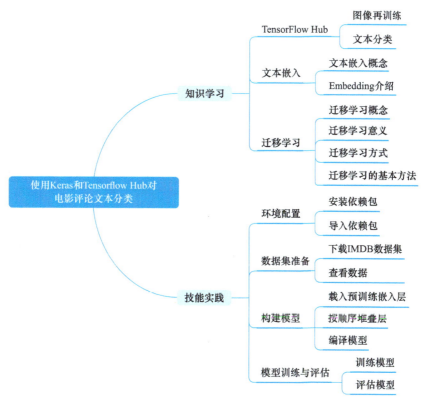

图2-2-9　思维导图

项目 ③

使用迁移学习实现肺部X光检测

项目导入

近年来，人工智能技术与医疗健康领域的融合不断加深，随着人工智能领域的自然语言处理、语音识别、计算机视觉等技术的逐渐成熟，人工智能的应用场景愈发丰富。目前，智能医疗被广泛应用于电子病历、影像诊断（见图3-0-1）、远程诊断、医疗机器人、新药研发和基因测序等场景，成为影响医疗行业发展、提升医疗服务水平的重要因素。医学是人工智能最早引入的领域之一。

医学影像诊断是指医生通过非侵入式的方式取得人体内部组织的影像数据，再以定量和定性的方式进行疾病诊断。在临床上，检测和诊断工具能够快速地将检测结果提供给医生，在筛选过程中协助医生。但深度学习往往需要大量的训练样本，如何在样本不足的情况下使用深度学习进行检测呢？迁移学习就是个很不错的选择。

本项目通过两个任务，向读者介绍肺部X光图像处理模型的搭建及训练。通过上述样例的学习，可以了解到肺部X光图像数据处理的方法，掌握迁移学习，训练VGG16模型并进行预测。

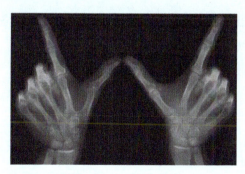

图3-0-1　X光检测图

任务1　肺部X光图像处理

知识目标

- 掌握训练集、测试集的概念与划分注意事项。
- 熟悉图像预处理常用的方法。

能力目标

- 能够掌握基本图像预处理的方法。
- 能够掌握二值化处理方法。
- 能够掌握训练集测试集分类的方法。

素质目标

- 具备开阔、灵活的思维能力。
- 具备积极、认真、严谨的学习态度。

任务分析

任务描述：

了解TensorFlow 2.0中的部分安装包，将图像数据转换为array格式，标签二值化处理，设置训练集、测试集，并制作成数据集加以保存。

任务要求：

- 图像和标签格式转换。
- 二值化处理。
- 训练集和测试集划分。
- 数据集保存。

任务计划

根据所学相关知识，制订本任务的任务计划表，见表3-1-1。

表3-1-1 任务计划表

项目名称	使用迁移学习实现肺部X光检测
任务名称	肺部X光图像处理
计划方式	自我设计
计划要求	请用5个计划步骤来完整描述出如何完成本任务

序号	任务计划
1	
2	
3	
4	
5	

知识储备

1. 训练集和测试集

（1）训练集和测试集的概念

学习预测函数的参数并在相同数据集上进行测试是一种错误的做法。因为仅给出测试用例标签的模型将会获得极高的分数，但对于尚未出现过的数据，它无法预测出任何有用的信息，这种情况称为过拟合。为了避免这种情况，在进行（有监督）机器学习实验时，一般会将数据集划分为训练集和测试集，其中训练集用来估计模型，而测试集则检验最终选择最优的模型的性能如何。

将数据集划分为训练集和测试集，借助这种划分，可以对一个样本集进行训练，然后使用不同的样本集测试模型，工作流程如图3-1-1所示。

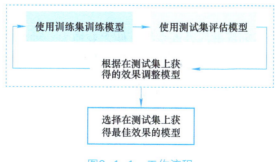

图3-1-1 工作流程

在图3-1-1中，调整模型指的是调整可以想到的关于模型的任何方面，如更改学习速率、更改模型迭代次数、选择激活函数、添加或移除特征，也可以从头开始设计全新的模型。当该工作流程结束时，可以选择在测试集上获得最佳效果的模型。

（2）训练集和测试集划分注意事项

划分训练集和测试集时，需要注意的有：

1）两个数据集必须相互独立，不能使用测试集调整模型的训练参数。如图3-1-2所示，训练集就好比课本，学生根据课本里的内容来掌握知识，而测试集就好比试卷，考查学生举一反三的能力。如果将测试集当成训练集使用，相当于学生在考试之前就拿到了考题，导致此次考试成绩提高，但是学生未必真正掌握了知识。

图3-1-2　训练集和测试集比喻

2）确保划分之前先进行随机化，以保证训练集和测试集中不同种类标签的样本平衡。比如说，正在上一年级的小明这一学期都是学习和练习加法和减法的知识，但是期末试卷考的却都是乘法和除法的内容，试想，小明能取得好成绩吗？所以样本不平衡将大大影响模型的预测效果。

3）如果数据集规模很小，可以使用交叉验证法评估模型的预测能力。如图3-1-3所示，比如10折交叉验证，初始采样分割成10份数据，其中1份被保留作为测试模型的数据（浅色部分），其他9份数据（深色部分）用来训练。以此类推，将其余的9份数据依次作为测试集数据。这样会得到10个模型，用这10个模型最终的测试集准确率的平均数作为分类器的性能指标。

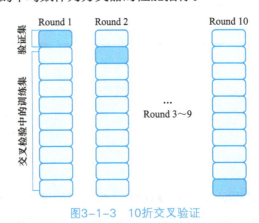

图3-1-3　10折交叉验证

2. 图像预处理

图像预处理是将每一个文字图像分检出来交给识别模块进行识别，主要目的是消除图像中无关的信息，恢复有用的真实信息，增强有关信息的可检测性和最大限度地简化数据，从而改进特征抽取、图像分割、匹配和识别的可靠性。下面介绍一些图像预处理方式。

（1）归一化

图像归一化是指对图像进行系列标准的处理变换，使之变换为一种固定标准形式的过程，该标准图像称作归一化图像。图像归一化的技术可以分为线性归一化和非线性归一化两种。

线性归一化可以放大和缩小原始图像的长度和宽度，保留图像的线性性质。有时候可能要求对图像中心的位置做适当的更正，使之统一到相同的位置上，就采用非线性归一化技术。

图像归一化的好处：转换成标准模式，防止仿射变换的影响；减少几何变换的影响；加快梯度下降求最优解的速度。

（2）灰度化

在RGB模型中，即红、绿、蓝三原色来表示真彩色，如果R=G=B，则表示一种灰度颜色，其中R=G=B的值叫灰度值，因此，灰度图像每个像素只需一个字节存放灰度值（又称强度值、亮度值），灰度值范围为0～255。一般有分量法、最大值法、平均值法、加权平均法四种方法对彩色图像进行灰度化。

对彩色图像进行处理时，往往需要对三个通道依次进行处理，时间开销将会很大。因此，为了提高整个应用系统的处理速度，需要减少所需处理的数据量，常常将图像进行灰度化，如图3-1-4所示。

图3-1-4　图像灰度化

（3）二值化

图像的二值化是让图像的像素点矩阵中的每个像素点的灰度值为0（黑色）或者255（白色），也就是让整个图像呈现只有黑和白的效果。在灰度化的图像中灰度值的范围为0～255，在二值化后的图像中的灰度值范围是0或者255。

在数字图像处理中，二值图像占有非常重要的地位，图像的二值化使图像中的数据量大为减少，从而能凸显出目标的轮廓。要进行二值图像的处理与分析，首先要把灰度图像二值化，得到二值化图像，如图3-1-5所示。

OpenCV中可以实现图片二值化的函数有：cvThreshold( )和cvAdaptiveThreshold( )。

第一个函数是手动指定一个阈值，以此阈值来进行二值化处理；第二个函数是一个自适应阈值二值化方法，通过设定参数来调整效果。

图3-1-5　图像二值化

（4）几何变换

图像几何变换又称为图像空间变换，通过平移、转置、镜像、旋转、缩放等几何变换对采集的图像进行处理，可以改变图像中物体之间的空间关系，可用于改正图像采集系统的系统误差和仪器位置的随机误差。

几何变换中灰度级插值是必不可少的组成部分，按照这种变换关系进行计算，输出图像的像素可能被映射到输入图像的非整数坐标上。通常采用的方法有最近邻插值、双线性插值和双三次插值。空间变换包括可用数学函数表达的简单变换，如平移、拉伸等仿射变换。或者依赖实际图像而不宜用函数形式描述的复杂变换，如对存在几何畸变的摄像机所拍摄的图像进行校正，需要实际拍摄栅格图像，根据栅格的实际扭曲数据建立空间变换；又如通过指定图像中一些控制点的位移及插值方法来描述的空间变换。常见的变换有仿射变换、基本变换、透视变换、几何校正及图像卷绕等，如图3-1-6所示。

图3-1-6　图像几何变换（旋转）

（5）图像增强

增强图像中的有用信息，它可以是一个失真的过程，目的是要改善图像的视觉效果，有目的地强调图像的整体或局部特性，将原来不清晰的图像变得清晰或强调某些感兴趣的特征，扩大图像中不同物体特征之间的差别，弱化不感兴趣的特征，改善图像的质量，丰富图像的信息量，加强图像的判读和识别效果，满足某些特殊分析的需要。

在图像增强过程中，不会分析图像降质的原因，处理后的图像不一定逼近原始图像。根据增强处理过程所在的空间不同，可分为基于空间域的算法和基于频域的算法两大类。空间域法中具有代表性的算法有局部求平均值法和中值滤波法等，它们可用于去除或减弱噪声。频域把图像看成一种二维信号，对其进行基于二维傅里叶变换的信号增强，采用低通滤波法，可去掉图中的噪声；采用高通滤波法，则可增强边缘等高频信号，使模糊的图片变得清晰。图像增强的一个示例如图3-1-7所示。

图3-1-7　图像增强

1. 环境准备

步骤1　安装依赖库。安装opencv-python的时候可能会出现安装失败的问题，这是因为pip包版本落后，需要先升级pip包，再安装tensorflow等其他安装包。

```
! pip install --upgrade pip
! pip install tensorflow==2.0.0
! pip install -i https://pypi.tuna.tsinghua.edu.cn/simple imutils
! pip install -i https://pypi.tuna.tsinghua.edu.cn/simple opencv-python==4.5.3.56
```

步骤2 导入必要的包和模块。

```
# 导入必要的包和模块
import tensorflow as tf
from tensorflow.keras.preprocessing.image import ImageDataGenerator
from tensorflow.keras.applications import VGG16
from tensorflow.keras.layers import AveragePooling2D
from tensorflow.keras.layers import Dropout
from tensorflow.keras.layers import Flatten
from tensorflow.keras.layers import Dense
from tensorflow.keras.layers import Input
from tensorflow.keras.models import Model
from tensorflow.keras.optimizers import Adam
from tensorflow.keras.utils import to_categorical
from tensorflow.keras.models import Sequential
from sklearn.preprocessing import LabelBinarizer
from sklearn.model_selection import train_test_split
from sklearn.metrics import classification_report
from sklearn.metrics import confusion_matrix
from imutils import paths
import matplotlib.pyplot as plt
import numpy as np
import cv2
import os
```

函数说明

- ImageDataGenerator：可用于增强数据，且将增强后的数据集变为数据生成器。
- VGG16：TensorFlow中内置的VGG16模型（经过预训练后的模型），不需要再次搭建。
- AveragePooling2D：二维平均池化层。
- Dropout：能够使得神经网络稀疏化，防止模型过拟合。
- Flatten：可以将二维数据展平为一维数据，通常在全连接层之前使用。
- Dense：全连接层。
- Input：输入层。
- Model：用于构建神经网络模型。

- Adam：模型的优化方法。
- to_categorical：将类别向量转换为二进制的矩阵类型表示。
- LabelBinarizer：用于将标签二值化。
- train_test_split：用于将数据集自动化分为训练集和测试集。
- classification_report：在报告中显示每个类的精确度、召回率、F1值等信息。
- confusion_matrix：混淆矩阵，用于判断预测的准确程度。

2. 图像数据处理

步骤1 获取图像数据和标签。用imagePaths获取每一个图像的路径，并全部存入list。

```
# 获取图像路径
imagePaths = list(paths.list_images("dataset"))
imagePaths
```

查看图像路径，如图3-1-8所示。

```
\\1-s2.0-S0140673620303706-fx1_lrg.jpg',
\\1-s2.0-S0929664620300449-gr2_lrg-a.jpg',
\\1-s2.0-S0929664620300449-gr2_lrg-b.jpg',
\\1-s2.0-S0929664620300449-gr2_lrg-c.jpg',
\\1-s2.0-S0929664620300449-gr2_lrg-d.jpg',
\\auntminnie-a-2020_01_28_23_51_6665_2020_01_28_Vietnam_coronavirus.jpeg',
\\auntminnie-b-2020_01_28_23_51_6665_2020_01_28_Vietnam_coronavirus.jpeg',
\\auntminnie-c-2020_01_28_23_51_6665_2020_01_28_Vietnam_coronavirus.jpeg',
\\auntminnie-d-2020_01_28_23_51_6665_2020_01_28_Vietnam_coronavirus.jpeg',
\\lancet-case2a.jpg',
\\lancet-case2b.jpg',
\\nCoV-radiol.2020200269.fig1-day7.jpeg',
\\nejmc2001573_f1a.jpeg',
\\nejmc2001573_f1b.jpeg',
\\nejmoa2001191_f1-PA.jpeg',
\\nejmoa2001191_f3-PA.jpeg',
\\nejmoa2001191_f4.jpeg',
\\nejmoa2001191_f5-PA.jpeg',
\\radiol.2020200490.fig3.jpeg',
```

图3-1-8 图像路径结果展示

步骤2 存储数据和标签。

动手练习❶

- 在下方代码框中设置两个空列表用于储存数据以及标签，列表名称为"data"和"labels"。在<1>和<2>中补全以下代码并运行。

```
data = <1>
labels = <2>
print(data,labels)
```

现在已经有了储存图像的路径，可以用循环的方式将路径中的图像数据和标签数据提取出来存入data和labels中。

函数说明

- imagePath.split(os.path.sep)[-2]：以/为分割符，将路径分割并返回一个列表，列表中倒数第二个值即为标签（normal或者pneumonia）。例如，路径"dataset/normal/NORMAL2-IM-0869-0001.jpeg"分割后倒数第二个值为normal，即为该图像的标签。
- cv2.imread(imagePath)：读取图像数据，参数为图像的地址。
- cv2.cvtColor(image, cv2.COLOR_BGR2RGB)：用于交换图像通道，原因是cv读取图像是BGR格式，plt读取图像是RGB模式，转换图像格式才能正常显示图像。
- cv2.resize(image, (224, 224))：将图像大小统一设置为224×224px，原因是网络的输入层需要设置图像为这个大小。

动手练习❷

- 在<1>处使用imagePath.split()函数将路径分割，并从分割后的列表中提取出标签值，赋值给变量label。
- 在<2>处使用cv2.imread()函数读取imagePath路径中的图像数据，赋值给变量image。
- 在<3>处使用cv2.cvtColor()函数将图像image从BGR格式转为RGB格式，转换格式的参数为cv2.COLOR_BGR2RGB。
- 在<4>处使用cv2.resize函数将图像image大小统一设置为(224,224)。

```
for imagePath in imagePaths:
    label = <1>   # os.path.sep 路径分隔符
    image = <2>
    image = <3>
    image = <4>
    data.append(image)
    labels.append(label)
```

运行以下代码，输出肺部X光图像如图3-1-9所示。注意：若matplotlib.pyplot绘图在jupyter notebook不显示，可以在代码的前面加上%matplotlib notebook。

```
# 输出肺部X光图像
%matplotlib notebook
plt.imshow(data[1])
```

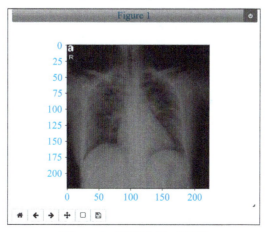

图3-1-9　输出肺部X光图像

运行代码后，查看label列表中第二张图像的标签为"abnormal"。

```
# 展示label的标签
print(labels[1])
```

步骤3 对图像和标签进行格式转换。将图像数据统一除以255是为了将其归一化，方便后续处理，也方便图像的展示。将数据转换为np.array格式后，后续可以更方便地使用数值处理包numpy进行计算，numpy的运算速度很快。

```
# 归一化、格式转换
data = np.array(data) / 255.0
labels = np.array(labels)
```

步骤4 标签二值化处理。计算机读取数字进行运算会优于读取字符串进行运算。数字0、1没有二义性，字符串换成英文、中文、日文即便代表同样的意思，但计算机却会认为是不同的东西。因此需要对标签进行二值化处理，利用LabelBinarizer()处理可以返回二值化标签。

```
# 标签二值化处理
lb = LabelBinarizer()
labels = lb.fit_transform(labels)
labels = to_categorical(labels)
```

查看转换后的标签值，如图3-1-10所示。

```
print(labels)   # 展示二值化后的标签
[[1. 0.]
 [1. 0.]
 [1. 0.]
 [1. 0.]
 [1. 0.]
 [1. 0.]
 [1. 0.]
 [1. 0.]
 [1. 0.]
 [1. 0.]
 [1. 0.]
 [1. 0.]
 [1. 0.]
 [1. 0.]
 [1. 0.]
 [1. 0.]
 [1. 0.]
 [1. 0.]
 [1. 0.]
 [1. 0.]
 [1. 0.]
 [1. 0.]
 [1. 0.]
```

图3-1-10　标签二值化结果展示

3. 训练集和测试集划分

至此已得到符合模型训练标准的数据。接着需要将数据分为训练集和测试集两部分，训练集的作用主要在于对模型进行训练，测试集的作用在于检验训练后的模型效果如何。

步骤1 了解train_test_split函数。使用sklearn模块中的函数train_test_split来划分训练集和测试集。

函数说明

train_test_split(data, labels, test_size, stratify, random_state):

- data：需要分类的所有数据。
- labels：数据对应的所有标签。
- test_size：浮点数，表示划分到测试集数据的比例，如果要设置20%的数据为测试集，则令test_size=0.2。
- stratify：表示按labels分层抽取，例如有100个样本，其中有80个正类，20个负类，取出20%作为测试集后，测试集中有16个正类，4个负类。
- random_state：整数，随机种子，为了保证每次抽取得到的样例都一样。

```
# 查看用法
?train_test_split
```

查看train_test_split用法，结果如图3-1-11所示。

```
test_size : float, int, None, optional
    If float, should be between 0.0 and 1.0 and represent the proportion
    of the dataset to include in the test split. If int, represents the
    absolute number of test samples. If None, the value is set to the
    complement of the train size. By default, the value is set to 0.25.
    The default will change in version 0.21. It will remain 0.25 only
    if ``train_size`` is unspecified, otherwise it will complement
    the specified ``train_size``.

train_size : float, int, or None, default None
    If float, should be between 0.0 and 1.0 and represent the
    proportion of the dataset to include in the train split. If
    int, represents the absolute number of train samples. If None,
    the value is automatically set to the complement of the test size.

random_state : int, RandomState instance or None, optional (default=None)
    If int, random_state is the seed used by the random number generator;
    If RandomState instance, random_state is the random number generator;
    If None, the random number generator is the RandomState instance used
    by `np.random`.
```

图3-1-11 查看train_test_split用法

步骤2 设置训练集和测试集。利用train_test_split()函数将data和labels进行分类，将全部数据的20%作为测试集，设置随机种子数为42。

动手练习❸

- 根据上面对train_test_split()函数的介绍，按照要求在<1>处将下列代码补充完整。

```
#补充以下代码设置训练集和测试集并运行
(trainX, testX, trainY, testY) = <1>
```

执行以下代码，输出结果为（10，224，224，3）。

```
# 查看输出结果
print(testX.shape)
```

根据划分好的训练集和测试集，运行以下代码查看划分后的测试集数据和测试集标签，如图3-1-12所示。

```
# 查看testX、testY
print(testX)
print(testY)
```

```
[[[[0.02352941 0.02352941 0.02352941]
   [0.03529412 0.03529412 0.03529412]
   [0.04313725 0.04313725 0.04313725]
   ...
   [0.05490196 0.05490196 0.05490196]
   [1.         1.         1.        ]
   [0.01568627 0.01568627 0.01568627]]

  [[0.02352941 0.02352941 0.02352941]
   [0.03529412 0.03529412 0.03529412]
   [0.04313725 0.04313725 0.04313725]
   ...
```

```
[[0. 1.]
 [0. 1.]
 [0. 1.]
 [0. 1.]
 [1. 0.]
 [1. 0.]
 [1. 0.]
 [0. 1.]
 [1. 0.]]
```

图3-1-12 查看testX、testY结果

步骤3 保存数据。创建文件夹dataReady，若提示文件夹存在，则忽略提示，继续往下执行。

```
# 创建文件夹
!mkdir dataReady
```

使用np.save()将数据保存在dataReady文件夹下，如图3-1-13所示。

```
# 数据保存
np.save('dataReady/trainx.npy',trainX)
np.save('dataReady/trainy.npy',trainY)
np.save('dataReady/testx.npy',testX)
np.save('dataReady/testy.npy',testY)
```

- testx.npy
- testy.npy
- trainx.npy
- trainy.npy

图3-1-13 查看数据保存结果

任务小结

本任务首先介绍了训练集和测试集的概念以及划分的注意点，图像预处理的常见方法、归一化、二值化、灰度化、几何变换及图像增强等。之后通过任务实施，完成肺部X光图像处理的环境安装和依赖，图像数据训练集及测试集划分的设置，并使用np.save保存结果。

通过本任务的学习，读者可对肺部X光图像数据处理及方法有更深入的了解，在实践中逐渐熟悉图像处理的方法及数据集的划分。本任务的思维导图如图3-1-14所示。

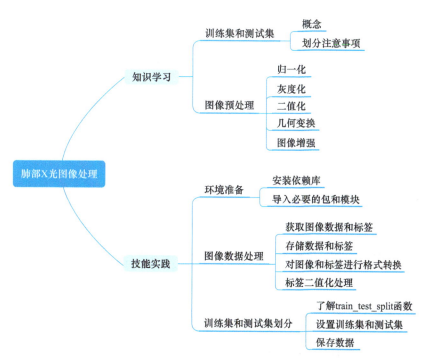

图3-1-14 思维导图

任务2　VGG16模型搭建及训练

知识目标

- 熟悉数据增强的知识。
- 了解卷积神经网络、VGG16模型及结构。
- 了解常见的优化器及选择。

能力目标

- 能够掌握数据生成器制作方法。
- 能够掌握迁移学习。
- 能够掌握图像增强技术。
- 能够熟悉VGG16模型搭建及训练、优化。

素质目标

- 具备开阔、灵活的思维能力。
- 具备积极、主动的探索精神。

任务分析

任务描述：

加载训练好的VGG16模型并进行模型微调，利用部分数据集进行模型再训练并进行模型预测，绘制损失函数与准确率图像。

任务要求：

- VGG16模型微调。
- VGG16模型预测。
- 模型评估，绘制损失函数与准确率图像。

任务计划

根据所学相关知识，制订本任务的任务计划表，见表3-2-1。

表3-2-1　任务计划表

项目名称	使用迁移学习实现肺部X光检测
任务名称	VGG16模型搭建及训练
计划方式	自我设计
计划要求	请用5个计划步骤来完整描述出如何完成本任务
序　号	任 务 计 划
1	
2	
3	
4	
5	

知识储备

1. 数据增强

数据增强是一种数据扩充技术，利用有限的数据创造尽可能多的利用价值。虽然现在各种公开数据集有很多，但是其实数据量也远远不够，而公司或者学术界去采集、制作这些数据的成本是很高的，人工标注数据的任务量很大，因此，只能通过一些方法去更好地利用现有的数据，数据增强便应运而生。

数据增强是为了减少网络的过拟合现象，通过对训练图片进行变换可得到泛化能力更强的网络，更好地适应应用场景。在深度学习中，有监督的数据增强和无监督的数据增强方法。其中有监督的数据增强又可以分为单样本数据增强和多样本数据增强方法。一个数据增强的示例如图3-2-1所示。

图3-2-1 数据增强示例

2. VGG16模型

（1）卷积神经网络

卷积神经网络（Convolutional Neural Networks，CNN）是一种具有局部连接、权重共享等特性的深层前馈神经网络。它由几个基本的层构成，包括输入层、卷积层、池化层、全连接层和输出层。

卷积层对输入数据进行特征提取，其内部包含多个卷积核，组成卷积核的每个元素都对应一个权重系数和一个偏差量，在卷积层中，计算输入图像的区域和滤波器的权重矩阵之间的点积，并将其结果作为该层的输出。池化层对图片信息进行压缩，有max pooling、average pooling、spatial pyramid pooling等。通过池化不断减少数据的空间大小，参数的数量和计算量会相应下降，在一定程度上控制了过拟合。在卷积神经网络最后会加一个展平（flatten）层，将之前所得到的特征图"压平"，然后用一个全连接层输出最后的结果。如果是分类的话，一般会利用Softmax激活函数，最后就可以输出相应的分类结果了。

（2）VGG16网络

VGG中根据卷积核大小和卷积层数目的不同，可分为A、A-LRN、B、C、D、E共6个配置，其中以D、E两种配置较为常用，分别称为VGG16和VGG19，如图3-2-2所示。

针对VGG16（图3-2-2中D部分配置）进行具体分析，其包含：

1）13个卷积层（Convolutional Layer），分别用conv3-×××表示。

2）3个全连接层（Fully connected Layer），分别用FC-××××表示。

3）5个池化层（Pool Layer），用maxpool表示。

其中，卷积层和全连接层具有权重系数，因此也被称为权重层，总数目为13+3=16，这即是VGG16中16的来源（池化层不涉及权重，因此不属于权重层，不被计数）。

ConvNet Configuration					
A	A-LRN	B	C	D	E
11 weight layers	11 weight layers	13 weight layers	16 weight layers	16 weight layers	19 weight layers
input (224×224 RGB image)					
conv3-64	conv3-64 LRN	conv3-64 conv3-64	conv3-64 conv3-64	conv3-64 conv3-64	conv3-64 conv3-64
maxpool					
conv3-128	conv3-128	conv3-128 conv3-128	conv3-128 conv3-128	conv3-128 conv3-128	conv3-128 conv3-128
maxpool					
conv3-256 conv3-256	conv3-256 conv3-256	conv3-256 conv3-256	conv3-256 conv3-256 conv1-256	conv3-256 conv3-256 conv3-256	conv3-256 conv3-256 conv3-256 conv3-256
maxpool					
conv3-512 conv3-512	conv3-512 conv3-512	conv3-512 conv3-512	conv3-512 conv3-512 conv1-512	conv3-512 conv3-512 conv3-512	conv3-512 conv3-512 conv3-512 conv3-512
maxpool					
conv3-512 conv3-512	conv3-512 conv3-512	conv3-512 conv3-512	conv3-512 conv3-512 conv1-512	conv3-512 conv3-512 conv3-512	conv3-512 conv3-512 conv3-512 conv3-512
maxpool					
FC-4096					
FC-4096					
FC-1000					
Softmax					

图3-2-2　VGG的6种结构配置

VGG16的块结构如图3-2-3所示，其突出特点是简单，体现在：

1）卷积层均采用相同的卷积核参数。卷积层均表示为conv3-×××，其中conv3说明该卷积层采用的卷积核的尺寸（kernel size）是3，即宽和高均为3，3×3是很小的卷积核尺寸，结合其他参数（步幅stride=1，填充方式padding=same），就能够使每一个卷积层（张量）与前一层（张量）保持相同的宽和高。×××代表卷积层的通道数。

2）池化层均采用相同的池化核参数。有5个池化层，每个池化层都采用2×2大小的池化窗口，步长为2。降低特征图的尺寸，并保留主要的特征。

3）模型由若干卷积层和池化层堆叠（stack）的方式构成，比较容易形成较深的网络结构。

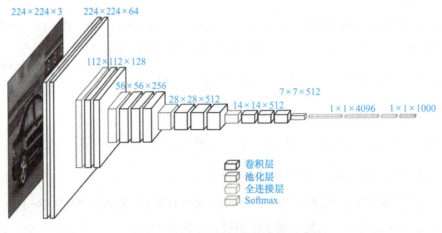

图3-2-3　VGG16的块结构

3. 模型优化器

在有了正向结构和损失函数后，就可以通过优化函数来优化学习参数了，这个过程也是在反向传播中完成的。这个优化函数叫作优化器，在深度学习框架中被统一封装到优化器模块中。其内部原理主要是通过梯度下降的方法对模型中的参数进行优化。

梯度下降法常用于机器学习当中用来递归性地逼近最小偏差模型，梯度下降的方向也就是用负梯度方向为搜索方向，沿着梯度下降的方向求解极小值。在训练过程中，每次正向传播后都会得到输出值与真实值的损失值，这个损失值越小，代表模型越好。于是梯度下降的算法就用在这里，帮助找到最小的损失值，从而可以反推出来对应的偏置值b和权重w，达到优化模型的效果。

梯度下降法是最基本的一类优化器，目前主要分为三种梯度下降法：标准梯度下降法（GD），随机梯度下降法（SGD）及批量梯度下降法（BGD）。

优化器的选取没有特定的标准，需要根据具体的任务多次尝试选择不同的优化器，选择使评估函数最小的那个优化器。根据经验，RMSprop、Adagrad、Adam、SGD是比较通用的优化器。其中，前三个优化器适合自动收敛，而最后一个优化器常用于精调模型。

自动收敛方面：一般以Adam优化器最为常用，综合来看，它在收敛速度、模型所训练出来的精度方面效果相对更好一些。而且对于学习率的设置要求相对比较宽松，更容易使用。

精调模型方面：常常通过手动修改学习率来进行模型的二次调优。为了训练出更好的模型，一般会在使用Adam优化器训练到模型无法收敛之后再使用SGD优化器，通过手动调节学习率的方式进一步提升模型性能。

> **知识拓展**
>
> 扫一扫，了解一下具体的数据增强方法，拓展学习常见的梯度下降法相关的优化器。你还知道其他的优化器吗？

1. 数据增强

在任务1中，已经安装和导入好该项目所需要的环境依赖库和包。如果没有，可以参考任务1进行环境的安装和导入。

步骤1 导入数据。导入训练集和测试集的数据及标签。

```
# 导入数据
trainX = np.load('dataOfficial/trainx.npy')
trainY = np.load('dataOfficial/trainy.npy')
testX = np.load('dataOfficial/testx.npy')
testY = np.load('dataOfficial/testy.npy')
```

步骤2 设置用于数据增强的生成器。已经将数据分为训练集和测试集，但考虑到数据量太少，训练出来的模型可能缺乏泛化能力，需要设置一个用于数据增强的生成器，以此来获取更多的训练集图片。对于同一个图片，即使放置方式不同，计算机也会认为是不同的图片。对图片进行裁剪、旋转、缩放等方式获得新的图片的方法就是数据增强。

TensorFlow中的ImageDataGenerator模块可以用于增强数据，由于输入的数据量太少，可以做一些旋转、平移、缩放等变化，以此增多数据量。此函数有以下功能：

1）图片生成器，负责生成一个个批次的图片，以生成器的形式给模型训练。

2）对每一个批次的训练图片，适时地进行数据增强处理。

3）自动为训练数据生成标签。

可以运行以下代码，查看ImageDataGenerator的用法。

?ImageDataGenerator

函数说明

ImageDataGenerator()，括号内可选的参数有：

- featurewise_center：布尔值，使输入数据集去中心化（均值为0），按feature执行。
- samplewise_center：布尔值，使输入数据的每个样本均值为0。
- featurewise_std_normalization：布尔值，将输入除以数据集的标准差以完成标准化，按feature执行。
- samplewise_std_normalization：布尔值，将输入的每个样本除以其自身的标准差。
- zca_whitening：布尔值，对输入数据施加ZCA白化。
- rotation_range：整数，数据增强时图片随机旋转的角度。随机选择图片的角度，取值为0~180。
- width_shift_range：浮点数，水平平移的范围。
- height_shift_range：浮点数，垂直平移的范围。
- shear_range：浮点数，透视变换的范围。
- zoom_range：浮点数或形如[lower,upper]的列表，缩放的范围。
- fill_mode：填充模式，'constant''nearest''reflect'或'wrap'之一，当进行变换时超出边界的点将根据本参数给定的方法进行处理。

trainAug是一个实例化后的图片数据生成器，将在后续训练模型时用到。

```
# 数据增强
trainAug = ImageDataGenerator(  # 用于数据增强
    rotation_range=15,  # 旋转
    fill_mode="nearest")  # 填充模式
```

2. VGG模型搭建

步骤1 加载基础模型。使用tensorflow模块中内置的VGG16模块，导入VGG的基础模型baseModel，这里baseModel是实例化后的VGG16模型。

函数说明

VGG16模块的相关参数如下：

- weights="imagenet"，代表该模型已经通过imagenet数据集训练后得到模型，首次调用需要下载。

- include_top=False，表示不载入VGG16模型的顶部层。

如果第一次运行本代码，需要在keras模块中添加一个名为models的文件夹。

```
# 添加文件夹
!mkdir ~/.keras/models
```

生成了models文件夹之后，需要把VGG模型从该项目中复制到models文件夹中。

```
# 复制VGG模型
!cp vgg16_weights_tf_dim_ordering_tf_kernels_notop.h5 ~/.keras/models
```

下载VGG模型，其中include_top=False表示不要顶层的三个全连接层。

```
# 下载VGG模型
baseModel = VGG16(weights="imagenet", include_top=False,
input_tensor=Input(shape=(224, 224, 3)))
```

下载时间可能会比较长，如图3-2-4所示，则表示下载完成。

```
A local file was found, but it seems to be incomplete or outdated because the auto file hash does not match the orig
inal value of 6d6bbae143d832006294945121d1f1fc so we will re-download the data.
Downloading data from https://storage.googleapis.com/tensorflow/keras-applications/vgg16/vgg16_weights_tf_dim_orderi
ng_tf_kernels_notop.h5
58892288/58889256 [==============================] - 2s 0us/step
```

图3-2-4　VGG模型下载完成

步骤2　固定模型参数。将baseModel中的参数固定住，使得在训练的时候baseModel中的参数不会更新。

动手练习①

- 在<1>处填写代码，利用循环的方式将baseModel每层的参数固定住。
- baseModel.layers可以返回模型所有的层，设置layer.trainable = False使得该层不参与训练。

```
for layer in baseModel.layers:
    <1>  # 意味着权重不在更新，在修改trainable属性后，需要重新compile()模型
```

步骤3　重置顶部网络层。在baseModel的基础上，将VGG16网络顶部的三层网络按照下面的结构重新设定，包含一个平均池化层、一个展平层、一个Dropout层、两个全连接层。

1）创建模型容器。Sequential()可以看作模型的容器，Sequential可以理解为通过堆叠许多层，构建出深度神经网络。

- 通常使用model=Sequential()来实例化一个模型容器，用于后续堆叠模型，堆叠模型函数为model.add()。

2）添加baseModel。实例化模型命名为model后，首先将VGG16模型的baseModel添加到模型中。

- 使用model.add(baseModel)添加基础模型。

3）添加平均池化层。通过AveragePooling2D(pool_size=(4,4))添加平均池化层，作用主要有降维、去除冗余信息、对特征进行压缩、简化网络复杂度、减少计算量、减少内存消耗等。

- 主要参数pool_size可以设置池化层的大小。

- 使用model.add(AveragePooling2D(pool_size=(4,4)))在网络中加入4×4的平均池化层。

4）添加展平层。通过Flatten()添加展平层，将tensor展开，不做计算。

- 使用model.add(Flatten())在模型中加入展平层。

5）添加维度为64维的全连接层，激活函数设置为relu。Dense全连接层起到将特征映射到样本标记空间的作用。

- 使用model.add(Dense(64, activation="relu"))在模型中加入64维的全连接层。

6）添加丢弃法。丢弃法并不属于任意一层神经网络，但在这里可以看作一层神经网络，添加的方式和添加神经网络层类似。Dropout丢弃法用于防止过拟合。

- 主要参数为rate，可以默认，表示要禁止计算的神经元比例。
- 使用model.add(Dropout(0.5))，使得50%的神经元不参与反向传播计算。

7）添加维度为2维的全连接层，激活函数设置为Softmax。因为最终图片的类别只有两类，患病或正常，所以神经网络最后的输出只有两个神经元。方法同第5）步。

动手练习2

- 请根据以上步骤和提示在<1>～<7>中补充完整模型构建的代码。

```
# 补充模型构建代码并运行
model = <1>
<2>
<3>
<4>
<5>
<6>
<7>
```

执行以下代码，输出结果如图3-2-5所示。

```
# 模型构建结果输出
model.summary()
```

```
Model: "sequential"
_____
Layer (type)                 Output Shape              Param #
=================================================================
vgg16 (Functional)           (None, 7, 7, 512)         14714688
_____
average_pooling2d (AveragePo (None, 1, 1, 512)         0
_____
flatten (Flatten)            (None, 512)               0
_____
dense (Dense)                (None, 64)                32832
_____
dropout (Dropout)            (None, 64)                0
_____
dense_1 (Dense)              (None, 2)                 130
=================================================================
Total params: 14,747,650
Trainable params: 32,962
Non-trainable params: 14,714,688
_____
```

图3-2-5 模型构建结果

3. 模型编译

步骤1 模型超参数设定。学习率、迭代次数、训练批次三个常见参数的介绍及设置如下。

三个超参数介绍：

学习率（INIT_LR）：学习率决定着模型训练的快慢。可以将收音机调节频道的速度看作学习率，调节频道的速度过快会导致错过想要收听的频道，调节频道的速度过慢会导致很长时间没法到达想要收听的频道，合适的调节速度才能够准确地得到想要收听的频道。学习率也是这样，需要设置合适的学习率才能保证高效的模型训练。

迭代次数（EPOCHS）：迭代次数表示训练数据进入模型进行训练的次数，以本任务为例，若设置迭代次数为30，则训练数据中的40张图片都会进入模型参与30次训练。

训练批次（batchsize）：设置每次进入模型训练的图片是多少，由于硬件的限制，太多的批次会导致模型训练很慢。以本任务为例，若设置batchsize为8，则每次迭代会分5次向模型输入训练数据，每次训练图片为8张。

动手练习❸

- 在<1>处将学习率命名为INIT_LR，设置为0.001。
- 在<2>处将迭代次数命名为EPOCHS，设置为2。
- 在<3>处将batchsize命名为BS，设置为8。

```
# 补充超参数设置代码
<1>
<2>
<3>
```

执行以下代码，输出为"0.001 2 8"则填写正确。

```
print(INIT_LR,EPOCHS,BS)
```

步骤2 优化器设定。优化器的作用主要是帮助模型在训练过程中更快地找到最佳参数，优化器的种类有很多，合适的优化器能够大大提高训练的效率。这个任务中使用的是Adam优化方法。

```
# 设置优化器
opt = Adam(lr=INIT_LR, decay=INIT_LR / EPOCHS)
```

步骤3 执行编译。已有了必要的超参数以及模型训练的优化器，接下来需要对模型进行编译。函数model.compile(loss, optimizer, metrics)用于编译模型，参数分别为损失函数、优化方法、精确度计算方式。

函数说明

model.compile(loss, optimizer, metrics)

- loss用于设置损失函数，可以是目标函数，也可以是字符串形式给出的损失函数的名称，如loss="mse",loss="binary_crossentrop"等。
- optimizer用于设置优化器，同样可以是字符串形式和函数形式，如optimizer="sgd", optimizer="adam"等。
- metrics用于设置模型的评价指标，如metrics=["accuracy"]，metrics=["parse_accuracy"]等。

动手练习 ❹

根据以下要求和提示在代码块中<1>处设置编译参数。

- 使用model.compile(optimizer,loss,metrics)函数编译模型。
- 设置optimizer为opt。
- 设置loss为binary_crossentropy。
- 设置metrics为["accuracy"]。

```
print("[INFO] compiling model...")
opt = Adam(lr=INIT_LR, decay=INIT_LR / EPOCHS)
<1>
print("done")
```

执行以上代码后输出为"[INFO] compiling model... done"则表示编译成功。

4. 模型训练

将模型编译好后，可以使用model.fit或model.fit_generator进行模型训练，两者差别在于model.fit_generator支持用生成器向模型输入数据。

函数说明

model.fit_generator(generator,epochs=1, steps_per_epoch, validation_data=None, validation_steps=None)：

- generator：用于接收一个生成数据的生成器,用于模型中的拟合。本任务中的generator设置为trainAug.flow(trainX, trainY, batch_size=BS)。
- epochs：整数，设置数据迭代的轮数。
- steps_per_epoch：整数，当generator返回steps_per_epoch次数据时，一个epoch结束，执行下一个epoch,通常设置为训练集长度除以batch_size的数值，即在本任务中steps_per_epoch=len(trainX) // BS。
- validation_data：验证集数据集，形式可以为一个形如（inputs,targets）的tuple、一个形如（inputs,targets，sample_weights）的tuple或者生成器。
- validation_steps：整数，用于设置验证集数据集每轮次训练次数，通常设置为测试集长度除以batch_size的数值，本任务中应该设置为validation_steps=len(testX) // BS。

动手练习 ❺

已经在前面的模块中设置了数据生成器trainAug，下面在<1>~<5>处填写代码，利用trainAug.flow(trainX, trainY, batch_size=BS)设置数据生成器用于模型中的拟合。

- 设置steps_per_epoch为训练集数量除以batch_size的值。
- 设置验证集为(testX,testY)。
- 设置validation_steps为验证集数量除以batch_size的值。
- 设置epochs为EPOCHS。

```
print("[INFO] training head...")
H = model.fit_generator(
    <1>,
    steps_per_epoch=<2>,
    validation_data=<3>,
    validation_steps=<4>,
    epochs=<5>)
```

运行以下代码，模型开始训练，训练过程如图3-2-6所示。

```
# 模型训练
print("[INFO] training head...")
H = model.fit_generator(
    trainAug.flow(trainX, trainY, batch_size=BS),
    steps_per_epoch=len(trainX) // BS,
    validation_data=(testX, testY),
    validation_steps=len(testX) // BS,
    epochs=EPOCHS)
```

```
Epoch 27/30
5/5 [==============================] - 25s 5s/step - loss: 0.1927 - accur
acy: 0.9750 - val_loss: 0.3954 - val_accuracy: 0.9000
Epoch 28/30
5/5 [==============================] - 25s 5s/step - loss: 0.1768 - accur
acy: 0.9500 - val_loss: 0.3931 - val_accuracy: 0.9000
Epoch 29/30
5/5 [==============================] - 25s 5s/step - loss: 0.1846 - accur
acy: 0.9750 - val_loss: 0.3784 - val_accuracy: 0.9000
Epoch 30/30
5/5 [==============================] - 25s 5s/step - loss: 0.2014 - accur
acy: 0.9500 - val_loss: 0.3641 - val_accuracy: 0.9000
```

图3-2-6 模型训练过程

5. 模型预测

步骤 1 预测结果。训练模型后，使用model. predict（testdata，batchsize）对测试集图片进行预测，查看预测结果，其中testdata是测试数据集，batchsize是训练批次。

输入测试集，输出预测结果，结果中有10组数据，以第一组数据为例，第一个值为“正常”的概率，第二个值为患病的概率，如图3-2-7所示。

```
# 输出预测结果
print("[INFO] evaluating network...")
predIdxs = model.predict(testX, batch_size=BS)
print(predIdxs)
```

```
[INFO] evaluating network...
[[0.00791448 0.9920855 ]
 [0.17034698 0.8296531 ]
 [0.00303074 0.9969693 ]
 [0.01539266 0.9846073 ]
 [0.9677615  0.03223846]
 [0.96187425 0.03812573]
 [0.748345   0.25165492]
 [0.08144078 0.91855925]
 [0.40199763 0.5980023 ]
 [0.98118305 0.01881695]]
```

图3-2-7 测试集预测结果

执行以下代码，查看原图片以及对应的标签，如图3-2-8所示。

```
# 查看原图和对应标签
L = 2
W = 5
fig, axes = plt.subplots(L, W, figsize = (12, 12))
axes = axes.ravel()
for i in np.arange(0, L*W):
    axes[i].imshow(testX[i])
    axes[i].set_title('labels = {}'.format(testY[i]))
    axes[i].axis('off')
plt.subplots_adjust(wspace = 1)
```

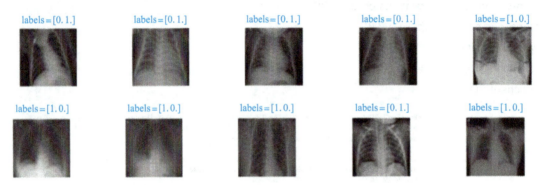

图3-2-8　测试集原图片及对应的标签

步骤2　取结果的最大索引号。np.argmax返回每组数据中最大值的索引。例如，返回最大值是6，它的索引号为2。

```
list1 = [[1,2,6,5,3]]
np.argmax(list1, axis=1)
```

运行以下代码，输出最大值的索引为[1 1 1 1 0 0 0 1 1 0]。

```
# 返回最大值的索引号
predIdxs = np.argmax(predIdxs, axis=1)
print(predIdxs)
```

运行以下代码，查看原始测试数据集的标签，如图3-2-9所示。

```
# 查看原始测试数据集标签
print(testY)
```

```
[[0. 1.]
 [0. 1.]
 [0. 1.]
 [0. 1.]
 [1. 0.]
 [1. 0.]
 [1. 0.]
 [1. 0.]
 [0. 1.]
 [1. 0.]]
```

图3-2-9　测试集数据集标签

6. 模型评估

步骤1 模型评估指标。分类模型性能评估指标有准确率、精确率、召回率及F1值等，classification_report()函数能够输出判断模型准确度的各个参数。执行以下代码，输出模型评估指标如图3-2-10所示。

1）准确率：所有预测正确（正类负类）的占总的比例。

2）精确率：（又称查准率）正确预测为正的占全部预测为正的比例。

3）召回率：（又称查全率）正确预测为正的占全部实际为正的比例。

4）F1值：F1值为算数平均数除以几何平均数，且越大越好，是精确率和召回率的加权平均。

```
# 输出模型评估指标
print(classification_report(testY.argmax(axis=1), predIdxs,
        target_names=['pneumonia', 'normal']))
```

```
              precision    recall  f1-score   support

       covid       1.00      0.80      0.89         5
      normal       0.83      1.00      0.91         5

    accuracy                           0.90        10
   macro avg       0.92      0.90      0.90        10
weighted avg       0.92      0.90      0.90        10
```

图3-2-10 模型评估值标

5）混淆矩阵cm：用于直观看到预测结果的准确度，混淆矩阵的每一列代表了预测类别，每一列的总数表示预测为该类别的数据的数目；每一行代表了数据的真实归属类别，每一行的总数表示该类别的数据实例的数目。每一列中的数值表示真实数据被预测为该类的数目。

6）准确率ACC：Classification Accuracy，描述分类器的分类准确率。

7）灵敏度sensitivity：True Positive Rate，描述识别出的正例占所有正例的比例。

8）特异度specificity：True Negative Rate，描述识别出的负例占所有负例的比例。

运行以下代码，计算并输出准确率、灵敏度和特异度，如图3-2-11所示。

```
# 计算各个评估指标并查看结果
cm = confusion_matrix(testY.argmax(axis=1), predIdxs)
total = sum(sum(cm))
acc = (cm[0, 0] + cm[1, 1]) / total
sensitivity = cm[0, 0] / (cm[0, 0] + cm[0, 1])
specificity = cm[1, 1] / (cm[1, 0] + cm[1, 1])
print(cm)
print("acc: {:.4f}".format(acc))
print("sensitivity: {:.4f}".format(sensitivity))
print("specificity: {:.4f}".format(specificity))
```

```
[[4 1]
 [0 5]]
acc: 0.9000
sensitivity: 0.8000
specificity: 1.0000
```

图3-2-11 混淆矩阵及模型评估值

深度学习技术应用

步骤2 绘制损失函数与准确率图像，具体做法如下。

动手练习❻

- 在<1>处填写代码，使用plt.plot函数绘制验证集损失线条，设置参数1为np.arange(0, N)，设置参数2为H.history["val_loss"]，命名为val_loss。
- 在<2>处填写代码，使用plt.plot函数绘制训练集精度线条，参数1同上，设置参数2为H.history["accuracy"]，命名为train_acc。
- 在<3>处填写代码，使用plt.plot函数绘制验证集精度线条，参数1同上，设置参数2为H.history["val_accuracy"]，命名为val_acc。

```
N = EPOCHS
plt.style.use("ggplot") # 使用ggplot这种绘图风格
plt.figure() # 绘制图像
plt.plot(np.arange(0, N), H.history["loss"], label="train_loss") # 从训练过程中找到历史损失数据，将其绘制出来，命名为"train_loss"

# 通过H.history["val_loss"]绘制验证集损失，命名为val_loss
<1>
# 通过H.history["accuracy"]绘制训练集精度，命名为train_acc
<2>
# 通过H.history["val_accuracy"]绘制验证集精度，命名为val_acc
<3>
plt.title("Training Loss and Accuracy on Pneumonia Dataset") # 设置标题
plt.xlabel("Epoch") # 设置横轴名称
plt.ylabel("Loss/Accuracy") # 设置纵轴名称
plt.legend(loc="lower left") # 图例放置在左下角
plt.savefig("plot")
```

函数说明

- plt.style.use("ggplot")：绘图风格使用ggplot。
- plt.plot(np.arange(0, N), H.history["loss"], label="train_loss")：np.arange(0, N)是横坐标，H.history["loss"]是纵坐标，代表模型训练时每一代的损失变化，label="train_loss"代表该线条的命名为train_loss。
- plt.xlabel：给横坐标命名。
- plt.ylabel：给纵坐标命名。
- plt.legend：新增图例。
- plt.savefig("plot")：将图片保存在默认路径，命名为plot。

绘图后会出现4条不同的线，如图3-2-12所示，则说明填写正确，分别是：

红色（train_loss），代表训练的损失，可以看见随着迭代次数的增多，损失在降低。

蓝色（val_loss），代表验证集的损失，同样随着迭代次数的增多，损失在降低。

紫色（train_acc），代表训练时的准确率，可见随着迭代次数的增加在波动上升。

黑色（val_acc），代表验证集的准确率，可见随迭代次数的增加准确率上升并稳定在0.9。

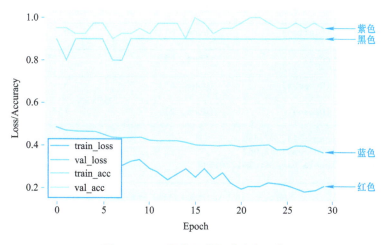

图3-2-12　损失函数与准确率图像

步骤3　模型保存。模型训练完成后需要对模型进行保存，这样遇到新的肺部X光图像，就可以直接输入该模型进行判断而不需要再次训练。

函数说明

model.save(model_name,save_format)：

- model_name：字符串，表示要储存的模型名称，例如将模型model储存并命名为modeltemp，则设定model.save("modeltemp",save_format)。
- save_format：字符串，表示要储存的格式，本任务中要用到的格式为h5，设定model.save("modeltemp",save_format="h5")。

动手练习❼

- 根据要求和提示储存模型。
- 在<1>处将model模型进行存储命名为model，格式设置为h5。

```
print("[INFO] saving Pneumonia detector model...")
<1>
```

能够在项目路径下出现model文件，则说明正确保存。

步骤4　模型加载。使用keras模块中的load_model()函数加载上面保存的model模型，并命名为model_load。使用tf.keras.models.load_model()函数导入模型文件，并赋值到变量model_load。

```
# 模型加载
model_load=tf.keras.models.load_model('model')
model_load.summary()
```

VGG模型结构加载结果如图3-2-13所示。

```
Model: "sequential"
_____
 Layer (type)                Output Shape              Param #
=================================================================
 vgg16 (Functional)          (None, 7, 7, 512)         14714688

 average_pooling2d (AveragePo (None, 1, 1, 512)        0

 flatten (Flatten)           (None, 512)               0

 dense (Dense)               (None, 64)                32832

 dropout (Dropout)           (None, 64)                0

 dense_1 (Dense)             (None, 2)                 130
=================================================================
Total params: 14,747,650
Trainable params: 32,962
Non-trainable params: 14,714,688
_____
```

图3-2-13　VGG模型结构加载结果

本任务首先介绍了数据增强、VGG16模型架构、模型优化器的方法和选择等。通过任务实施完成肺部X光图像的数据增强，构建VGG16模型并进行模型编译、模型训练，再对图片进行预测和评估，并绘制出损失函数与准确率图像。

通过本任务的学习，读者对VGG16模型有更深入的了解，在实践中逐渐熟悉VGG16模型的搭建、训练、预测、评估及保存加载等。本任务的思维导图如3-2-14所示。

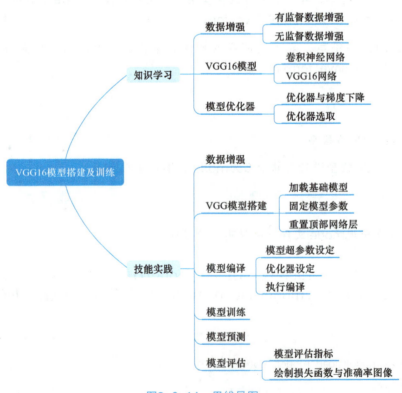

图3-2-14　思维导图

项目 ④

基于Flask的模型应用与部署——猫狗识别

项目导入

深度学习正迅速成为人工智能应用的关键工具。例如，在计算机视觉、自然语言处理和语音识别等领域，深度学习已经取得显著的成果。因此，人们对深度学习的兴趣也越来越浓厚。深度学习中最突出的问题之一是图像分类，图像分类就是根据各自在图像信息中所反映的不同特征，把不同类别的目标区分开来的图像处理方法。它利用计算机对图像进行定量分析，把图像或图像中的每个像元或区域划归为若干个类别中的某一种，以代替人的视觉判读。

要说到深度学习图像分类的经典案例之一，那就是猫狗识别了。猫和狗在外观上的差别比较明显，无论是体型、四肢、脸庞还是毛发等，都是能通过肉眼很容易区分的，如图4-0-1所示。那么如何让机器来识别猫和狗呢？

本项目通过两个任务，向读者介绍如何基于深度学习的方式进行猫狗图像分类。任务1为学生介绍深度学习的全流程，设置ResNet50模型，再添加适合本项目的额外网络结构层，使用Keras进行模型训练及准确率、损失度等模型指标的评估及可视化展示；任务2中，在熟悉了HTML标签后，编辑index.html和app.py文件，基于Flask框架将模型部署成网页端应用，在网站上快速进行猫狗图像分类。

图4-0-1　猫狗识别图像

深度学习技术应用

任务1　模型训练与评估

知识目标

- 熟悉图像分类的基本过程、图像特征处理的方法。
- 了解残差网络ResNet的背景及结构。
- 熟悉模型评估及常见评估指标。

能力目标

- 能够使用Keras进行模型训练。
- 能够掌握深度学习的全流程。
- 能够使用模型评估工具。

素质目标

- 具备开阔、灵活的思维能力。
- 具备积极、认真、严谨的学习态度。

任务分析

任务描述：

首先进行环境、数据的准备，训练集数据和验证集数据的划分，再搭建ResNet模型，模型编译，之后进行模型训练，最后对模型进行评估，展示可视化训练结果。

任务要求：

- 模型所需的环境、数据准备。
- 数据集的划分。
- 模型编译、训练。
- 模型评估，展示可视化结果。

任务计划

根据所学相关知识，制订本任务的任务计划表，见表4-1-1。

项目4
基于Flask的模型应用与部署——猫狗识别

表4-1-1 任务计划表

项目名称	基于Flask的模型应用与部署——猫狗识别
任务名称	模型训练与评估
计划方式	自主设计
计划要求	请用5个计划步骤来完整描述出如何完成本任务
序号	任务计划
1	
2	
3	
4	
5	

知识储备

1. 图像分类

图像分类的核心是从给定的分类集合中给图像分配一个标签。实际上是分析一个输入图像并返回一个将图像分类的标签，标签来自预定义的可能类别集。

示例：假定一个可能的类别集categories={dog, cat}，之后提供一张图片（见图4-1-1）给分类系统。目标是根据输入图像，从类别集中分配一个类别，这里为dog。分类系统也可以根据概率给图像分配多个标签，如dog:95%，cat:5%。

图4-1-1 图像分类示例

如图4-1-2所示，图像分类的基本操作是建立图像内容的描述，然后利用机器学习方法学习图像类别，最后利用学习得到的模型对未知图像进行分类。

一般来说，图像分类性能主要与图像特征提取和分类方法密切相关。图像特征提取是图像分类的基础，提取的图像特征应能代表各种不同的图像属性，分类方法是图像分类的核心，最终的分类准确性与分类方法密切相关。

图4-1-2 图像分类的基本过程

从图像中提取有用的数据或信息，得到图像的"非图像"的表示或描述，如数值、向量和符号等。这一过程就是特征提取，而提取出来的这些"非图像"的表示或描述就是特征。特征是某一类对象区别于其他类对象的相应（本质）特点或特性，或是这些特点和特性的集合。对于图像而言，每一幅图像都具有能够区别于其他类图像的自身特征，有些是可以直观地感受到的自然特征，如亮度、边缘、纹理和色彩等；有些则是需要通过变换或处理才能得到的，如矩、直方图以及主成分等。图像分类中提取的特征主要有两类：底层视觉特征和局部不变特征，如图4-1-3所示。

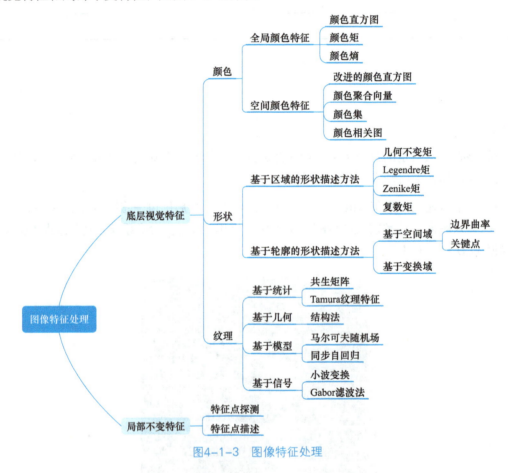

图4-1-3 图像特征处理

2. ResNet残差网络

（1）残差网络背景

在深度学习中，网络层数增多一般会伴随以下几个问题：

1）计算资源的消耗。

2）模型容易过拟合。

3）梯度消失/梯度爆炸问题的产生。

对于问题1）可以通过GPU集群来解决，对于企业资源来说并不是很大的问题。问题2）的过拟合通过采集海量数据，并配合Dropout正则化等方法也可以有效避免。问题3）通过Batch Normalization也可以避免。综上，好像只要增加网络的层数，就可以得到更好的结果，但实验数据却给了人们"当头一棒"。

实验中发现，随着网络层数的增加，网络发生了退化（Degradation）的现象。随着网络层数的增多，训练集的loss会逐渐下降，然后趋于饱和，如果再增加网络深度，训练集的loss反而会增大。注意，这并不是过拟合，因为在过拟合中训练集的loss是一直减少的。通过浅层网络等同映射构造深层模型，结果深层模型并没有比浅层网络有等同或更低的错误率，推断退化问题可能是因为深层的网络并不适于训练，也就是求解器很难利用多层网络拟合同等函数。

这时候，残差网络就应运而生。残差网络是由来自Microsoft Research的4位学者提出的卷积神经网络，在2015年的ImageNet大规模视觉识别竞赛中获得了图像分类和物体识别的优胜。残差网络的特点是容易优化，并且能够通过增加相当的深度来提高准确率。其内部的残差块使用了跳跃连接，缓解了在深度神经网络中增加深度带来的梯度消失问题。

注意在统计学中，残差和误差是非常容易混淆的两个概念。误差是衡量观测值和真实值之间的差距，残差是指预测值和观测值之间的差距。对于残差网络的命名原因，给出的解释是，网络的一层通常可以看作y，而残差网络的一个残差块可以表示为$y=F(x)+x$，也就是$F(x)=y-x$，在单位映射中，$y=x$便是观测值，而y是预测值，所以$F(x)$便对应着残差，因此叫作残差网络。

（2）ResNet结构

ResNet提出了两种mapping：一种是identity mapping，指的就是图4-1-4中"弯弯的曲线"，另一种residual mapping，指的就是除了"弯弯的曲线"的另外一部分，所以最后的输出是$y=F(x)+x$。identity mapping指的恒等映射，也就是公式中的x，而residual mapping指的是"差"，也就是$F(x)=y-x$部分。

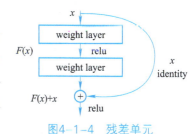

图4-1-4 残差单元

当残差为0时，此时堆积层仅仅做了恒等映射，至少网络性能不会下降。实际上残差不会为0，这也会使堆积层在输入特征的基础上学习到新的特征，从而拥有更好的性能。ResNet使用了一种连接方式叫作shortcut connection，顾名思义，shortcut就是"抄近道"的意思。

ResNet使用两种残差单元，如图4-1-5所示。左图对应的是浅层网络，而右图对应的是深层网络。一般称整个结构为一个Building Block。其中右图又称为Bottleneck Design，目的一目了然，就是为了降低参数的数目，第一个1×1的卷积把256维通道（channel）降到64维，然后在最后通过1×1卷积恢复，整体上用的参数数目：1×1×256×64+3×3×64×64+1×1×64×256=69632，而不使用Bottleneck的话就是两个3×3×256的卷积，参数数目为3×3×256×256×2=1179648，差了16.94倍。

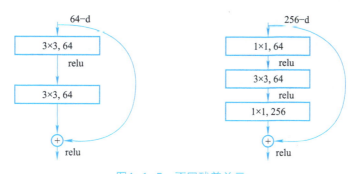

图4-1-5 不同残差单元

对于常规ResNet，可以用于34层或者更少的网络中，对于Bottleneck Design的ResNet通常用于更深的（如101层）网络中，目的是减少计算和参数量。

使用残差结构的两个好处：前向传播时，浅层的特征可以在深层得到重用；反向传播时，深层的梯度可以直接传向浅层。

（3）ResNet50网络

ResNet网络是参考了VGG19网络，在其基础上进行了修改，并通过短路机制加入了残差单元，变化主要体现在ResNet直接使用stride=2的卷积做下采样，并且用全局平均池化（Global Average Pooling）层替换了全连接层。ResNet的一个重要设计原则是：当每张特征图的大小降低一半时，可使用的特征图数量增加一倍，这就保持了网络层的复杂度。

ResNet50首先对输入做了卷积操作，之后包含4个残差块（ResidualBlock），最后进行全连接操作以便于进行分类任务，网络构成示意图如图4-1-6所示，ResNet50包含50个conv2d操作。

layer name	output size	18-layer	34-layer	50-layer	101-layer	152-layer
conv1	112×112			7×7, 64, stride 2		
conv2_x	56×56			3×3 max pool, stride 2		
conv2_x	56×56	$\begin{bmatrix}3×3, 64\\3×3, 64\end{bmatrix}×2$	$\begin{bmatrix}3×3, 64\\3×3, 64\end{bmatrix}×3$	$\begin{bmatrix}1×1, 64\\3×3, 64\\1×1, 256\end{bmatrix}×3$	$\begin{bmatrix}1×1, 64\\3×3, 64\\1×1, 256\end{bmatrix}×3$	$\begin{bmatrix}1×1, 64\\3×3, 64\\1×1, 256\end{bmatrix}×3$
conv3_x	28×28	$\begin{bmatrix}3×3, 128\\3×3, 128\end{bmatrix}×2$	$\begin{bmatrix}3×3, 128\\3×3, 128\end{bmatrix}×4$	$\begin{bmatrix}1×1, 128\\3×3, 128\\1×1, 512\end{bmatrix}×4$	$\begin{bmatrix}1×1, 128\\3×3, 128\\1×1, 512\end{bmatrix}×4$	$\begin{bmatrix}1×1, 128\\3×3, 128\\1×1, 512\end{bmatrix}×8$
conv4_x	14×14	$\begin{bmatrix}3×3, 256\\3×3, 256\end{bmatrix}×2$	$\begin{bmatrix}3×3, 256\\3×3, 256\end{bmatrix}×6$	$\begin{bmatrix}1×1, 256\\3×3, 256\\1×1, 1024\end{bmatrix}×6$	$\begin{bmatrix}1×1, 256\\3×3, 256\\1×1, 1024\end{bmatrix}×23$	$\begin{bmatrix}1×1, 256\\3×3, 256\\1×1, 1024\end{bmatrix}×36$
conv5_x	7×7	$\begin{bmatrix}3×3, 512\\3×3, 512\end{bmatrix}×2$	$\begin{bmatrix}3×3, 512\\3×3, 512\end{bmatrix}×3$	$\begin{bmatrix}1×1, 512\\3×3, 512\\1×1, 2048\end{bmatrix}×3$	$\begin{bmatrix}1×1, 512\\3×3, 512\\1×1, 2048\end{bmatrix}×3$	$\begin{bmatrix}1×1, 512\\3×3, 512\\1×1, 2048\end{bmatrix}×3$
	1×1			average pool, 1000-d fc, softmax		
FLOPs		$1.8×10^9$	$3.6×10^9$	$3.8×10^9$	$7.6×10^9$	$11.3×10^9$

图4-1-6　ResNet50网络构成示意图

3. 模型评估

通常需要定义性能指标用于评价模型的好坏，当然使用不同的性能指标对模型进行评价往往会有不同的结果，也就是说模型的好坏是"相对"的，什么样的模型好，不仅取决于算法和数据，还取决于任务需求。因此，选取一个合理的模型评价指标是非常有必要的。

评估一般可以分为回归、分类和聚类的评估，这里主要介绍分类模型的评估。以下将介绍几种评估模型的参数指标，如预测准确率（Accuracy）、精确率（Precision）、召回率（Recall）、F1值和ROC曲线等。

混淆矩阵是表示精度评价的一种标准格式，用n行n列的矩阵形式来表示。具体评价指标有总体精度、制图精度、用户精度等，这些精度指标从不同的侧面反映了图像分类的精度，如图4-1-7所示。

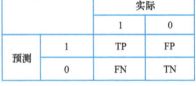

图4-1-7　混淆矩阵

1）真阳性（TP，True Positive）：真实值是Positive，模型认为是Positive的数量。

2）假阳性（FP，False Positive）：真实值是Negative，模型认为是Positive的数量。这就是统计学上的第二类错误（Type II Error）。

3）真阴性（TN，True Negative）：真实值是Negative，模型认为是Negative的数量。

4）假阴性（FN，False Negative）：真实值是Positive，模型认为是Negative的数量。这就是统

计学上的第一类错误（Type I Error）。

准确率（Accuracy）的定义是：对于给定的测试集，分类模型正确分类的样本数与总样本数之比。准确率的计算公式如下：

$$Accuracy = \frac{TP+TN}{TP+TN+FP+FN}$$

精确率（Precision）的定义是：分类模型预测的正样本中有多少是真正的正样本。精确率的计算公式如下：

$$Precision = \frac{TP}{TP+FP}$$

召回率（Recall）的定义是：对于给定测试集的某一个类别，样本中的正类有多少被分类模型预测正确。召回率的计算公式如下：

$$Recall = \frac{TP}{TP+FN}$$

F值：在理想情况下，我们希望模型的精确率越高越好，同时召回率也越高越好。但是，现实情况下，精确率和召回率像是坐在跷跷板上一样，往往出现一个值升高，另一个值降低。那么，需要一个指标来综合考虑精确率和召回率，这个指标就是F值。F值的计算公式如下：

$$F = \frac{(a^2+1) \times P \times R}{a^2 \times (P+R)}$$

式中P表示"精确率"，R表示"召回率"，a为权重因子。当a=1时，F值便是F1值，代表精确率和召回率的权重是一样的，是最常用的一种评价指标。F1的计算公式如下：

$$F1 = \frac{2 \times P \times R}{P+R}$$

准确率、精确率、召回率和F1值的最优值都为1.0，即这些值越接近1，模型的分类效果越好。除此之外，可以通过真正率和假正率绘制ROC曲线来评估分类模型。ROC曲线横纵坐标范围在区间[0，1]之间，一般来说，ROC曲线与x轴形成的面积越大，模型的分类性能越好，如图4-1-8所示。

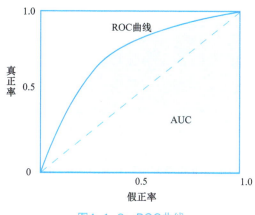

图4-1-8　ROC曲线

> **知识拓展**
>
> 扫一扫，了解一下图像特征提取的方法有哪些，除了文中介绍的模型评估指标吧，你还知道其他的吗？

任务实施

1. 环境、数据准备

步骤1 数据集介绍。数据集的文件名是以type.num.jpg这样的方式命名的，比如cat.0.jpg。使用Keras的ImageDataGenerator要求将不同种类的图片分在不同的文件夹中，整理后的数据集结构如图4-1-9所示。

可以看到文件夹的结构，training_set里面有两个文件夹，分别是猫和狗，每个文件夹里是4000张图。训练集的一部分图像如图4-1-10所示。

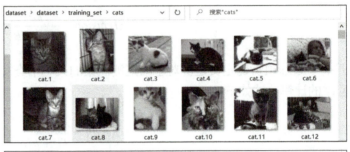

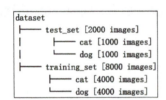

图4-1-9 猫狗识别图像数据集文件夹分布

图4-1-10 训练集的一部分图像

步骤2 依赖包安装及加载。运行以下代码，安装模型所需要的依赖包，并加载导入。

```
# 依赖包安装
!sudo pip install tensorflow==2.5.0 -i https://pypi.tuna.tsinghua.edu.cn/simple
!sudo pip install opencv-python==4.5.3.56 -i https://pypi.tuna.tsinghua.edu.cn/simple
!sudo pip install sklearn
# 依赖包加载导入
from tensorflow.keras.models import *
from tensorflow.keras.layers import *
from tensorflow.keras.applications import *
from tensorflow.keras.preprocessing.image import *
import h5py
import os
from tensorflow.keras.preprocessing.image import *
import numpy as np
import cv2
import os
import random
```

步骤3 路径设置。输出该项目所在的路径："../项目4基于Flask的模型应用与部署——猫狗识别"。

```
# 路径设置
BASE_PATH = os.path.dirname(os.path.abspath('__file__')) #常用搭配，显示当前路径
BASE_PATH
```

动手练习❶

- 在<1>处请运用BASE_PATH的路径，用于设置INPUT_DIR的值。

```
INPUT_DIR= BASE_PATH + <1>  # 训练集路径
INPUT_DIR
```

运行结果与下方一致说明答案正确。

输出结果为'../cat_or_dog/dataset/training_set'

步骤4 标签设置与路径添加。本任务要检测的类别只有猫与狗，需要把所有的图片路径放入paths列表中。

运行以下代码，查看训练集总长度。输出总长度为8000。

```
# 查看训练集总长度
print(len(paths))
```

动手练习❷

- 在<1>处填写此次任务的其中一个标签，请用英文。
- 在<2>处填写此次任务的另外一个标签，请用英文。
- 在<3>处用append函数将路径path添加进列表paths里。

```
labels = [<1>,<2>]  # 本次任务的标签
paths = []
for path in (os.path.join(p, name) for p, _, names in os.walk(INPUT_DIR) for name in names):
    <3>
```

运行结果与下方一致说明答案正确。

输出结果如：'../项目4基于Flask的模型应用与部署——猫狗识别/dataset/training_set/dogs/dog.3482.jpg加入列表'

2. 训练集、验证集划分

步骤1 数据集截取。由于云平台功能限制，为了减少训练时间，只需要其中部分图片用来训练模型。本次训练选取1000张图片进行模型训练。

```
# 截取部分数据用于模型训练
random.shuffle(paths)
paths = paths[:1000]  # 这次任务的训练集长度
print(len(paths))  # 1000
```

步骤2 数据集划分。读取图片数据生成数据集，X为训练集，Y为标签数组，猫的标签设置为0，狗的标签设置为1。

动手练习❸

- 在<1>处填写paths的长度，请调用函数。
- 在<2>处使用random.shuffle()函数，打乱paths列表。
- 在<3>处用cv2.imread()函数读取paths列表里当前循环的图片。

- 在<4>处填写cv.resize()函数缺少的数值，将输入的图片重新调整大小，需与X数组的维度一致。

```
n = <1> # 训练集长度
X = np.zeros((n, 224, 224, 3), dtype=np.uint8) # 训练集维度为（1000，224，224，3）
Y = np.zeros((n, 1), dtype=np.uint8) # 训练集标签维度为（1000，1）
<2> # 打乱训练集
count= 0
for i in range(n):
X[i] = cv2.resize(cv2.imread(<3>), (<4>, <4>)) # 重新调整单个图片大小
if 'dog.' in paths[i]: # 如果图片是狗，标签值为1，猫则为默认值0
Y[i] = 1
count += 1
```

运行代码打印出X和Y的维度。结果输出分别为（1000，224，224，3）和（1000，1）。

```
# 打印X和Y的维度
print(X.shape) # （1000，224，224，3）
print(Y.shape) # （1000，1）
```

步骤3 训练集、验证集划分。X为训练集，Y为标签数组，训练集和验证集的划分比例为8:2。

函数说明

sklearn.model_selection.train_test_split(*arrays, test_size, shuffle)

- arrays：数据集的数组。
- test_size：0~1的浮点数，值为测试集的划分比例。
- shuffle：布尔值，是否在划分前打乱数据集。

动手练习❹

- 在<1>处填写训练集数组。
- 在<2>处填写训练集标签数组。
- 在<3>处填写划分比例。

```
from sklearn.model_selection import train_test_split
X_train, X_valid, Y_train, Y_valid = train_test_split(<1>, <2>, test_size=<3>, shuffle=False)
```

运行以下代码，打印出X_train,X_valid,Y_train,Y_valid的维度，结果与图4-1-11一致说明答案正确。

```
# 打印X_train,X_valid,Y_train,Y_valid的维度
print(X_train.shape)
print(X_valid.shape)
print(Y_train.shape)
print(Y_valid.shape)
```

```
(800, 224, 224, 3)
(200, 224, 224, 3)
(800, 1)
(200, 1)
```

图4-1-11 打印训练集、标签数组的各个维度

3. 模型训练

步骤1 基础模型设置。本项目的ResNet50模型如图4-1-12所示。模型的参数介绍如下。

Flatten()：展平层，将tensor展开，不做计算。

Dense()：全连接层。

Dropout()：丢弃法，用于防止过拟合。

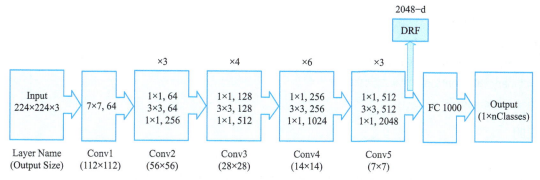

图4-1-12 本项目的ResNet50模型

```
# 设置基础模型
base_model = ResNet50(input_tensor=Input((224, 224, 3)), weights='imagenet', include_top=False)

for layers in base_model.layers:  # 冻结基础层权重
    layers.trainable = False
```

运行代码，载入基础模型的过程如图4-1-13所示。

```
Downloading data from https://storage.googleapis.com/tensorflow/keras-applications/resnet/resnet50_weights_tf_dim_ordering_tf_kernels_notop.h5
94773248/94765736 [==============================] - 3s 0us/step
```

图4-1-13 载入基础模型

步骤2 延展模型。为了使该模型更加契合本项目，需要在原有的基础之上添加额外的层。

动手练习❺

- 在<1>处使用Dense()函数添加全连接层，节点个数为512，激活函数使用Relu。
- 在<2>处使用Dropout()函数添加丢弃层，丢弃概率为0.25。
- 在<3>处使用之前的某一个函数，添加输出层，输出节点为1，激活函数为Sigmoid。

```
x = Flatten()(base_model.output) # 在基础模型上添加展平层
x = <1>(512, activation=<1>)(x) # 在上一层之上添加全连接层
x = <2>(0.25)<2> # 在上一层之上添加丢弃层
x = <3>(<3>, activation='sigmoid')<3> # 在上一层之上添加输出层
model = Model(base_model.input, x) # 组合模型
# 模型输出
model.summary()
```

运行model.summary()后，输出结果如图4-1-14所示，即答案正确。

```
flatten (Flatten)              (None, 100352)     0          conv5_block3_out[0][0]
dense (Dense)                  (None, 512)        51380736   flatten[0][0]
dropout (Dropout)              (None, 512)        0          dense[0][0]
dense_1 (Dense)                (None, 1)          513        dropout[0][0]
==================================================================================
Total params: 74,968,961
Trainable params: 51,381,249
Non-trainable params: 23,587,712
```

图4-1-14 模型网络结构

步骤3 模型编译。

```
# 模型编译
model.compile(optimizer='adadelta',
loss='binary_crossentropy',   # 二元交叉熵
metrics=['accuracy'])
```

函数说明

tf.keras.Model.compile(optimizer, loss, metrics)

- optimizer：模型训练使用的优化器，可以从tf.keras.optimizers中选择。

- loss：模型优化时使用的损失值类型，可以从tf.keras.losses中选择，此次训练只有两个类别需要判别，所以使用二元交叉熵。

- metrics：训练过程中返回的矩阵评估指标，可以从tf.keras.metrics中选择

步骤4 模型开始训练。

函数说明

tf.keras.Model.fit(x, y, batch_size, epochs, validation_data)

- x：训练集数组。

- y：训练集标签。

- batch_size：批处理数量。

- epochs：迭代次数。

- validation_data：验证集的图片和标签数组。

动手练习❻

提示：参考动手练习4得到的参数。

- 在<1>处填写训练集的图片和标签数组。

- 在<2>处填写迭代次数，设置为10。

- 在<3>处填写测试集的图片和标签数组。

```
history = model.fit(<1>, <1>, batch_size=16, epochs=<2>,
validation_data=(<3>, <3>))
```

运行结果与图4-1-15一致说明答案正确。

```
Epoch 1/2
2021-12-28 07:51:43.244326: W tensorflow/core/framework/cpu_allocator_impl.cc:80]
Allocation of 205520896 exceeds 10% of free system memory.
2021-12-28 07:51:43.407121: W tensorflow/core/framework/cpu_allocator_impl.cc:80]
Allocation of 205520896 exceeds 10% of free system memory.
50/50 [==============================] - 256s 5s/step - loss: 0.7545 - accuracy:
0.6737 - val_loss: 0.3078 - val_accuracy: 0.8850
Epoch 2/2
50/50 [==============================] - 250s 5s/step - loss: 0.2916 - accuracy:
0.8625 - val_loss: 0.1943 - val_accuracy: 0.9200
```

图4-1-15 模型开始训练

步骤5 载入模型进行训练。

```
# 载入模型
from keras.models import load_model
```

函数说明

tf.keras.models.load_model(filepath, compile, options)

- filepath：模型文件路径。
- compile：布尔值，确认在加载之后是否编译模型，非必填项。
- options：可选择tf.saved_model.LoadOptions里的特殊选项值，非必填项。

动手练习 7

提示：参考动手练习6。

- 在<1>处填写catordog.h5的路径地址。
- 在<2>处填写训练集的图片和标签数组。
- 在<3>处填写验证集的图片和标签数组。

```
model2 = load_model(BASE_PATH + <1>)
history2 = model2.fit(<2>, <2>, batch_size=16, epochs=5, validation_data=(<3>, <3>))
```

运行结果与图4-1-16一致说明答案正确。

```
Epoch 1/5
50/50 [==============================] - 215s 4s/step - loss: 0.0629 - accuracy:
0.9812 - val_loss: 0.0623 - val_accuracy: 0.9700
Epoch 2/5
50/50 [==============================] - 209s 4s/step - loss: 0.0497 - accuracy:
0.9837 - val_loss: 0.0624 - val_accuracy: 0.9700
Epoch 3/5
50/50 [==============================] - 210s 4s/step - loss: 0.0548 - accuracy:
0.9775 - val_loss: 0.0624 - val_accuracy: 0.9700
Epoch 4/5
50/50 [==============================] - 208s 4s/step - loss: 0.0575 - accuracy:
0.9787 - val_loss: 0.0624 - val_accuracy: 0.9700
Epoch 5/5
50/50 [==============================] - 206s 4s/step - loss: 0.0621 - accuracy:
0.9800 - val_loss: 0.0624 - val_accuracy: 0.9700
```

图4-1-16 模型训练过程

4. 模型评估

步骤1 查看模型的准确率，如图4-1-17所示。

```
# 查看模型准确率
print(history.history['accuracy'])
print(history.history['val_accuracy'])
print(history2.history['accuracy'])
print(history2.history['val_accuracy'])
```

```
[0.6737499833106995, 0.862500011920929]
[0.8849999904632568, 0.9200000166893005]
[0.981249988079071, 0.9837499856948853, 0.9775000214576721, 0.9787499904632568, 0.9800000190734863]
[0.9700000286102295, 0.9700000286102295, 0.9700000286102295, 0.9700000286102295, 0.9700000286102295]
```

图4-1-17 模型准确率

步骤2 查看模型的损失值，如图4-1-18所示。

```
# 查看模型损失值
print(history.history['loss'])
print(history.history['val_loss'])
print(history2.history['loss'])
print(history2.history['val_loss'])
```

```
[0.7544697523117065, 0.2916155755519867]
[0.3077619671821594, 0.19427332282066345]
[0.06287094950675964, 0.04974379390478134, 0.054777007550001144, 0.057548657059669495, 0.06213671714067459]
[0.06233008950948715, 0.06236915662884712, 0.06237785518169403, 0.06239993061685556, 0.06243625283241272]
```

图4-1-18 模型损失值

步骤3 准确率可视化。

动手练习❽

- 使用history的参数。
- 在<1>处填写ResNet50训练时的准确率数组。
- 在<2>处填写ResNet50验证时的准确率数组。

```
# 绘制ResNet50模型
import matplotlib.pyplot as plt
plt.plot(<1>)    # 需要绘制的值
plt.plot(<2>)    # 需要绘制的值
plt.title('Model Accuracy')  # 图像标题
plt.ylabel('Accuracy')    # y轴标签
plt.xlabel('Epoch')    # x轴标签
plt.legend(['Train', 'Val'], loc='upper left')  # 提示标签
plt.show()  # 展示图像
```

输出结果与图4-1-19类似，模型准确率是逐步上升的，说明正确。

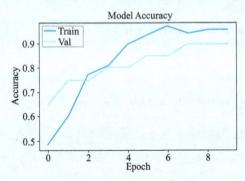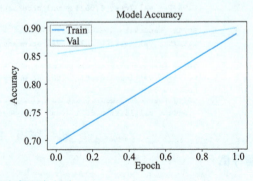

图4-1-19 准确率逐步上升

动手练习 ❾

- 使用history2的参数。
- 请在<1>处编写代码，绘制catordog.h5模型的准确率图像。

```
# 绘制catordog.h5准确率图像
<1>
```

输出结果与图4-1-20类似，模型准确率是趋于饱和的，说明正确。

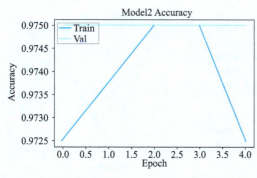
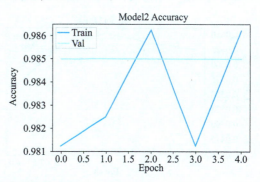

图4-1-20　准确率趋于饱和

步骤4　损失可视化。

动手练习 ❿

- 参考动手练习8，并使用history的参数。
- 在<1>处填写ResNet50训练时的损失值数组。
- 在<2>处填写ResNet50验证时的损失值数组。

```
# 绘制ResNet50模型
import matplotlib.pyplot as plt
plt.plot(<1>)    # 需要绘制的值
plt.plot(<2>)  # 需要绘制的值
plt.title('Model Loss')  # 图像标题
plt.ylabel('Loss')  # y轴标签
plt.xlabel('Epoch')  # x轴标签
plt.legend(['Train', 'Val'], loc='upper left')  # 提示标签
plt.show()  # 展示图像
```

输出结果与图4-1-21类似，模型损失是逐步下降的，说明正确。

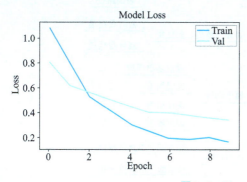
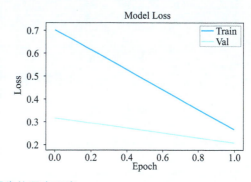

图4-1-21　损失值逐步下降

动手练习 11

- 参考动手练习8，使用history2的参数。
- 请在<1>处编写代码，绘制catordog.h5模型的损失值图像。

绘制catordog.h5损失值图像
<1>

输出结果与图4-1-22类似，模型损失没有太大变化的，说明正确。

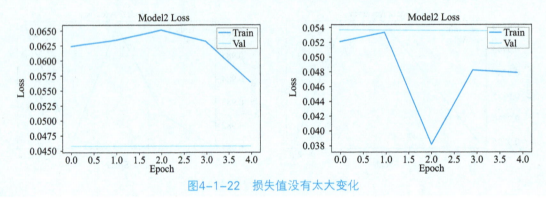

图4-1-22 损失值没有太大变化

任务小结

本任务首先介绍了图像分类的基本过程和特征处理，接着讲述了ResNet残差网络产生的背景、结构及ResNet50网络等，然后描述了模型评估，包括常见的评估指标等。之后通过任务实施，完成了模型环境、数据的准备，完成了训练集和验证集的划分，之后进行模型训练和评估，并展示准确率、损失值可视化效果。

通过本任务的学习，读者可对图像分类、ResNet模型的基本知识和概念有更深入的了解，在实践中逐渐熟悉模型的训练和评估。本任务的思维导图如图4-1-23所示。

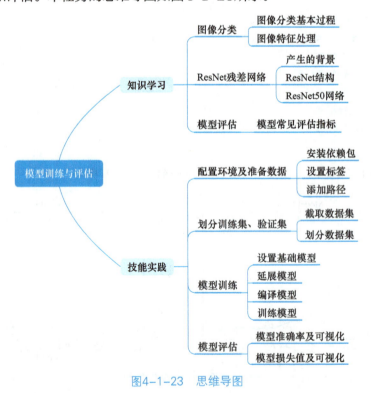

图4-1-23 思维导图

任务2　运用Flask将模型部署成网页端应用

知识目标
- 了解Flask框架及特点。
- 了解HTML的特点及标签解释。
- 了解CSS语言的特点和基础。

能力目标
- 能够熟悉使用Flask框架。
- 能够熟悉HTML标签格式和CSS语言的相关知识。
- 能够结合使用Flask框架和TensorFlow框架进行网页端部署。

素质目标
- 具备开阔、灵活的思维能力。
- 具备积极、认真、严谨的学习态度。

任务分析

任务描述：

首先安装环境依赖包，解析网站初始代码，添加HTML文件标签，再修改和添加网页端元素，将任务1训练好的模型部署到网页端，编写好预测函数，在网页端展示预测结果。

任务要求：

- 安装模型所需的依赖包。
- 解析初始代码。
- 修改、添加网页端元素。
- 在网页端部署模型，并展示预测结果。

任务计划

根据所学相关知识，制订本任务的任务计划表，见表4-2-1。

表4-2-1 任务计划表

项目名称	基于Flask的模型应用与部署——猫狗识别
任务名称	运用Flask将模型部署成网页端应用
计划方式	自主设计
计划要求	请用5个计划步骤来完整描述出如何完成本任务
序　号	任　务　计　划
1	
2	
3	
4	
5	

1. Flask框架

（1）Flask框架概述

Flask诞生于2010年，是一个用Python语言编写轻量级的Web开发框架，较其他同类型框架更为灵活、轻便、安全且容易上手。它可以很好地结合MVC模式进行开发，开发人员分工合作，小型团队在短时间内就可以开发完成功能丰富的中小型网站或Web服务。另外，Flask还有很强的定制性，用户可以根据自己的需求来添加相应的功能，在保持核心功能简单的同时，实现功能的丰富与扩展。其强大的插件库可以让用户实现个性化的网站定制，开发出功能强大的网站。

Flask主要包括Werkzeug和Jinja2两个核心函数库，它们分别负责业务处理和安全方面的功能，这些基础函数为Web项目开发过程提供了丰富的基础组件。

1）Werkzeug库十分强大，功能比较完善，支持URL路由请求集成，一次可以响应多个用户的访问请求；支持Cookie和会话管理，通过身份缓存数据建立长久连接关系，并加快用户访问速度；支持交互式JavaScript调试，提升用户体验；可以处理HTTP基本事务，快速响应客户端推送过来的访问请求。

2）Jinja2库支持自动HTML转移功能，能够很好地防护外部黑客的脚本攻击。系统运行速度很快，页面加载过程会将源代码进行编译，形成Python字节码，从而实现模板的高效运行；模板继承机制可以对模板内容进行修改和维护，为不同需求的用户提供相应的模板。Flask框架Logo如图4-2-1所示。

图4-2-1　Flask框架Logo

（2）Flask框架特点

目前，我国市场上大部分智能交通系统控制平台采用的都是C/S模式，对终端要求较高，且安装烦琐。部分平台也有采用基于B/S模式的传统框架，但这些框架的一些功能大多被固定，缺乏灵活性。Flask是基于Python开发的框架，类似的框架还有Django、Tornado等，选择Flask来开发的原因如下：

1）后续的基于机器学习的车辆检测与属性识别算法研究的主要开发语言也是Python，整个系统统一开发语言，便于开发和后期维护。

2）Flask因为灵活、轻便且高效的特点被业界认可，同时拥有基于Werkzeug、Jinja2等一些开源库，拥有内置服务器和单元测试，适配RESTful，支持安全的cookies，而且官方文档完整，便于学习掌握。

3）Flask中拥有灵活的Jinja2模板引擎，提高了前端代码的复用率，可提高开发效率，且有利于后期开发与维护。在现有标准中，Flask算是微小型框架。Flask的路由、调试和Web服务器网关接口子系统由Werkzeug提供；模板系统由Jinja2提供。

2. HTML介绍

（1）HTML解释

HTML的全称为超文本标记语言，是一种标记语言。它包括一系列标签，通过这些标签可以将网络上的文档格式统一，使分散的Internet资源连接为一个逻辑整体。HTML文本是由HTML命令组成的描述性文本，HTML命令可以说明文字、图形、动画、声音、表格、链接等。

超文本标记语言是标准通用标记语言下的一个应用，也是一种规范、标准，它通过标记符号来标记要显示的网页中的各个部分。网页文件本身是一种文本文件，通过在文本文件中添加标记符，告诉浏览器如何显示其中的内容（如文字如何处理、画面如何安排、图片如何显示等）。浏览器按顺序阅读网页文件，然后根据标记符解释和显示其标记的内容，对书写出错的标记将不指出其错误，且不停止其解释执行过程，编制者只能通过显示效果来分析出错原因和出错部位。但需要注意的是，对于不同的浏览器，对同一标记符可能会有不完全相同的解释，因而可能会有不同的显示效果。HTML的Logo如图4-2-2所示。

图4-2-2　HTML的Logo

（2）HTML特点

超文本标记语言文档的制作不是很复杂，但功能强大，支持不同数据格式的文件嵌入，这也是万维网（WWW）盛行的原因之一，其主要特点如下：

简易性：超文本标记语言版本升级采用超集方式，从而更加灵活方便。

可扩展性：超文本标记语言的广泛应用带来了加强功能、增加标识符等要求，超文本标记语言采取子类元素的方式，为系统扩展提供保证。

通用性：HTML是网络的通用语言，一种简单、通用的全置标记语言。允许网页制作人建立文本与图片相结合的复杂页面，这些页面可以被网上任何其他人浏览到，无论使用的是什么类型的计算机或浏览器。

（3）HTML标签解释

以图4-2-3为例，对HTML的一些标签进行解释：

<××××><××××/>：组合在一起的称为组合标签，嵌套在里面的元素比较重要，标签里的设置一般为样式设置和超参数。

<×××>：单个存在的称为单标签，顾名思义，单个存在就能起作用的标签。

1）<html></html>：HTML总标签，指示网页语言。

2）<head></head>：头部标签，用来提示网页标签标题和设定一下预设值。

3）<body></body>：网页内容标签，展示网页内容的部分。

4）<title></title>：网页标签的名字。

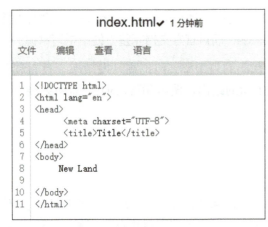

扫一扫，了解CSS语言的特点和相关基础知识。

知识拓展

图4-2-3　HTML的标签

1. 初始代码解析

步骤1 安装该任务所需要的依赖包。flask-ngrok包用于云平台的内网穿透，本地部署时可以直接使用flask部署。

```
# 依赖包安装
!sudo pip install tensorflow==2.5.0 –i https://pypi.tuna.tsinghua.edu.cn/simple
!sudo pip install opencv-python==4.5.3.56 –i https://pypi.tuna.tsinghua.edu.cn/simple
!sudo pip install flask==2.0.1
!sudo pip install pillow
```

步骤2 主体代码解析。将下列代码完整复制到文件夹下的app.py文件中，如图4-2-4所示。

```
from flask import Flask
# 命名app变量
app = Flask(__name__)
# 定义默认界面函数
@app.route("/")
def main():
    return render_template("index.html")
# 启动APP
if __name__ == '__main__':
    app.run()
```

步骤3 新建终端。使用终端命令进入对应的cat_or_dog文件夹，如图4-2-5和图4-2-6所示。

```
cd cat_or_dog
```

项目4　基于Flask的模型应用与部署——猫狗识别

图4-2-4　修改app.py

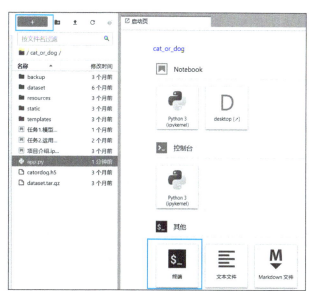

图4-2-5　新建终端

```
jovyan@jupyter-cpq:~$ cd cat_or_dog/
jovyan@jupyter-cpq:~/cat_or_dog$
```
使用cd指令进入项目文件夹

图4-2-6　进入对应的文件夹

步骤4　使用以下命令运行app.py文件，并等待页面跳转，如图4-2-7所示。

Sudo python app.py

```
jovyan@jupyter-test:~/cat_or_dog$ sudo python app.py
 * Serving Flask app 'app' (lazy loading)
 * Environment: production
   WARNING: This is a development server. Do not use it in a production deployment.
   Use a production WSGI server instead.
 * Debug mode: off
 * Running on http://127.0.0.1:5000/ (Press CTRL+C to quit)
```

图4-2-7　运行app.py

注意：如果出现端口被占用错误，显示如图4-2-8所示，可以用ps命令查看进程，并用kill命令关掉多余的sudo python app.py进程，如图4-2-9所示。

```
jovyan@jupyter-test:~$ cd  cat_or_dog
jovyan@jupyter-test:~/cat_or_dog$ sudo python app.py
 * Serving Flask app 'app' (lazy loading)
 * Environment: production
   WARNING: This is a development server. Do not use it in a production deployment.
   Use a production WSGI server instead.
 * Debug mode: off
Traceback (most recent call last):
  File "app.py", line 12, in <module>
    app.run()
  File "/opt/conda/lib/python3.7/site-packages/flask/app.py", line 922, in run
    run_simple(t.cast(str, host), port, self, **options)
  File "/opt/conda/lib/python3.7/site-packages/werkzeug/serving.py", line 1010, in run_simple
    inner()
  File "/opt/conda/lib/python3.7/site-packages/werkzeug/serving.py", line 959, in inner
    fd=fd,
  File "/opt/conda/lib/python3.7/site-packages/werkzeug/serving.py", line 783, in make_server
    host, port, app, request_handler, passthrough_errors, ssl_context, fd=fd
  File "/opt/conda/lib/python3.7/site-packages/werkzeug/serving.py", line 688, in __init__
    super().__init__(server_address, handler)  # type: ignore
  File "/opt/conda/lib/python3.7/socketserver.py", line 452, in __init__
    self.server_bind()
  File "/opt/conda/lib/python3.7/http/server.py", line 137, in server_bind
    socketserver.TCPServer.server_bind(self)
  File "/opt/conda/lib/python3.7/socketserver.py", line 466, in server_bind
    self.socket.bind(self.server_address)
OSError: [Errno 98] Address already in use
jovyan@jupyter-test:~/cat_or_dog$
```

图4-2-8　端口被占用错误

— 109 —

```
# 查看进程，并杀死
ps –ef
sudo kill –9 {PID}
```

```
jovyan     1235     1  0 03:52 ?        00:00:00 /usr/lib/at-spi2-core/at-spi1-bus-launcher
jovyan     1240  1235  0 03:52 ?        00:00:00 /usr/bin/dbus-daemon --config-file=/usr/share/defaults/at-spi2/accessibility.conf --nofor
jovyan     1242     1  0 03:52 ?        00:00:00 /usr/lib/at-spi2-core/at-spi2-registryd --use-gnome-session
jovyan     1250     1  0 03:52 ?        00:00:41 /usr/lib/firefox/firefox
jovyan     1400  1250  0 03:52 ?        00:00:04 /usr/lib/firefox/firefox -contentproc -childID 1 -isForBrowser -prefsLen 1 -prefMapSize 2
jovyan     1450  1250  0 03:52 ?        00:00:02 /usr/lib/firefox/firefox -contentproc -childID 2 -isForBrowser -prefsLen 85 -prefMapSize
jovyan     1659  1250  0 03:52 ?        00:00:00 /usr/lib/firefox/firefox -contentproc -childID 4 -isForBrowser -prefsLen 8016 -prefMapSiz
jovyan     1724  1250  0 03:55 ?        00:00:00 /usr/lib/firefox/firefox -contentproc -parentBuildID 20211028161635 -prefsLen 12781 -pref
jovyan     1800  1250  0 03:57 ?        00:00:00 /usr/lib/firefox/firefox -contentproc -childID 5 -isForBrowser -prefsLen 12962 -prefMapSi
jovyan     1978    58  0 05:28 pts/4    00:00:00 /bin/bash -1
root       1984  1978  0 05:29 pts/4    00:00:00 sudo python app.py
root       1985  1984  0 05:29 pts/4    00:00:00 python app.py
jovyan     1991  1035  0 05:35 ?        00:00:00 /opt/conda/bin/python /opt/conda/bin/websockify -v --web /opt/conda/lib/python3.7/site-pa
jovyan     2029  1112 10 05:56 ?        00:00:29 ripples -root
jovyan     2036    58  0 05:58 pts/5    00:00:00 /bin/bash -1
jovyan     2046  2036  0 06:00 pts/5    00:00:00 ps -ef
jovyan@jupyter-test:~/cat_or_dog$ sudo kill -9 1984
```

图4-2-9　关掉多余的进程

步骤5　运行网页。复制http://127.0.0.1:5000/，在终端打开云桌面，如图4-2-10所示再打开云桌面上的浏览器，在浏览器上输入该网址，查看效果，输出"Hello World"，如图4-2-11所示。

图4-2-10　终端打开云桌面上的浏览器

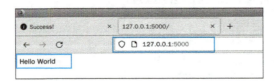

图4-2-11　云桌面成功运行网页

步骤6　退出。测试完成后，返回终端按两次<Ctrl+C>组合键结束进程，如图4-2-12所示。

```
jovyan@jupyter-cpq:~/cat_or_dog$ sudo /opt/conda/bin/python app.py
2021-09-08 08:58:19.439537: W tensorflow/stream_executor/platform/default/dso_loader.cc:64] Could not load dynamic library 'libcudart.so.1
1.0'; dlerror: libcudart.so.11.0: cannot open shared object file: No such file or directory
2021-09-08 08:58:19.439570: I tensorflow/stream_executor/cuda/cudart_stub.cc:29] Ignore above cudart dlerror if you do not have a GPU set
up on your machine.
 * Serving Flask app 'app' (lazy loading)
 * Environment: production
   WARNING: This is a development server. Do not use it in a production deployment.
   Use a production WSGI server instead.
 * Debug mode: off
 * Running on http://127.0.0.1:5000/ (Press CTRL+C to quit)           按两次<Ctrl+C>组合键结束进程
^Cjovyan@jupyter-cpq:~/cat_or_dog$
```

图4-2-12　结束进程

2. 添加HTML文件

步骤1 打开index.html文件。进入名为templates的文件夹，右击以Editor模式打开index.html，如图4-2-13所示。

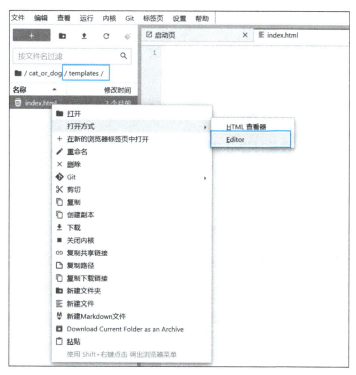

图4-2-13 以Editor模式打开index.html

步骤2 编辑index.html文件。将下列代码复制到index.html文件中，如图4-2-14所示。

```
# <!DOCTYPE html>
<html lang="en">
<head>
<meta charset="UTF-8">
<title>Title</title>
</head>
<body>
New Land

</body>
</html>
```

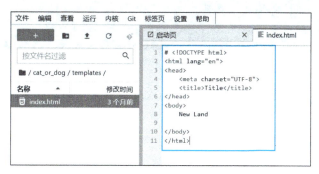

图4-2-14 复制代码到index.html

步骤3 修改app.py代码。打开app.py文件，修改该文件对应的代码，如图4-2-15所示。

```
from flask import Flask, render_template

app = Flask(__name__)

# 主函数变为调用templates文件夹下的index.html文件
@app.route("/")
def main():
    return render_template('index.html')   # 该行改变

if __name__ =='__main__':
    app.run()
```

图4-2-15　修改app.py代码

步骤4 运行app.py文件。校验HTML内容后重新使用终端指令运行app.py文件。

1）网页预览：index.html。

2）终端运行：sudo python app.py。

3）测试完成后按两次<Ctrl+C>组合键结束进程。

操作完以上步骤，就可以看见网站内容根据index.html已经改变，如图4-2-16所示。

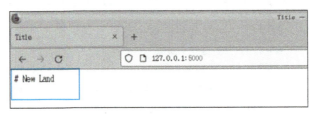

图4-2-16　网站内容发生改变

3．网页端元素修改和添加

如图4-2-17所示，当前HTML文件的内容分为两大块，上方为网页标签标题和预设区；下方为网页主题内容区域。

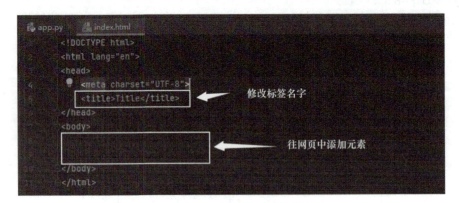

图4-2-17　HTML文件内容介绍

步骤1 添加css格式文件地址、标题。在index.html文件中，导入css格式文件并添加标题，如图4-2-18所示。

1）在<head><head/>标签中添加css文件地址。

2）使用<h1></h1>标签和css文件当中的jumbotron来创建标题。

图4-2-18　导入css格式文件并添加标题

校验HTML内容后重新使用终端指令运行app.py文件。

1）网页预览：index.html。

2）终端运行：sudo python app.py。

3）测试完成后按两次<Ctrl+C>组合键结束进程。

如果显示标题"猫狗识别"，说明成功添加标题，如图4-2-19所示。

图4-2-19　显示标题"猫狗识别"

步骤2　添加上传指示和按钮。在以上修改的index.html文件内，继续添加上传指示和按钮，如图4-2-20所示。

1）使用<label><label/>标签添加上传指示。

2）使用<button></button>标签添加上传按钮。

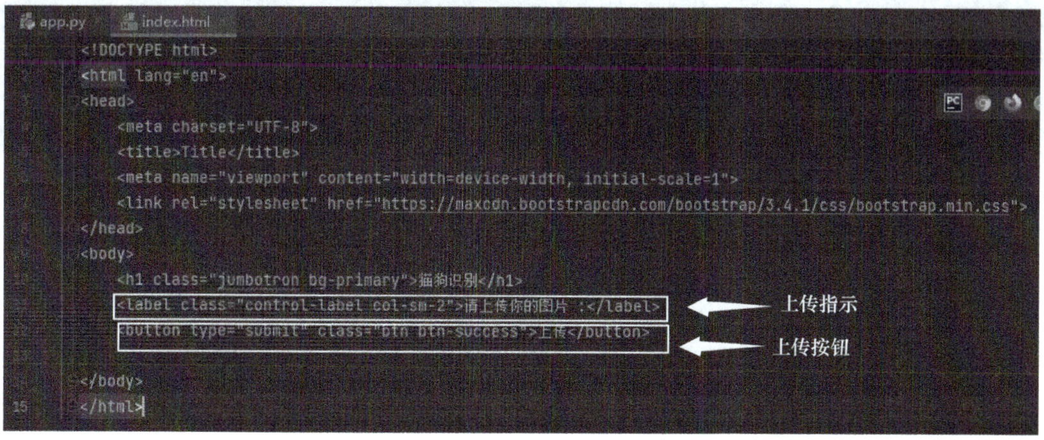

图4-2-20　添加上传指示和按钮

校验HTML内容后重新使用终端指令运行app. py文件。

1）网页预览：index. html。

2）终端运行：sudo python app. py。

3）测试完成后按两次<Ctrl+C>组合键结束进程。

如果显示如图4-2-21所示，则说明成功添加上传指示和上传按钮。

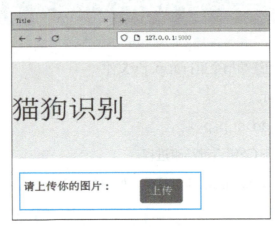

图4-2-21 成功添加上传指示和上传按钮

步骤3 添加图片和换行命令。在以上修改的index. html文件内，继续添加图片和换行命令，如图4-2-22所示。

1）使用<img>标签添加图片。

2）使用
标签添加换行命令来修改格式。

```
<!DOCTYPE html>
<html lang="en">
<head>
    <meta charset="UTF-8">
    <title>Title</title>
    <meta name="viewport" content="width=device-width, initial-scale=1">
    <link rel="stylesheet" href="https://maxcdn.bootstrapcdn.com/bootstrap/3.4.1/css/bootstrap.min.css"
</head>
<body>
    <h1 class="jumbotron bg-primary">猫狗识别</h1>
    <label class="control-label col-sm-2">请上传你的图片 :</label>
    <button type="submit" class="btn btn-success">上传</button><br>
    <img src="static/dog.jpeg" height="400px" width="400px">
</body>
</html>
```


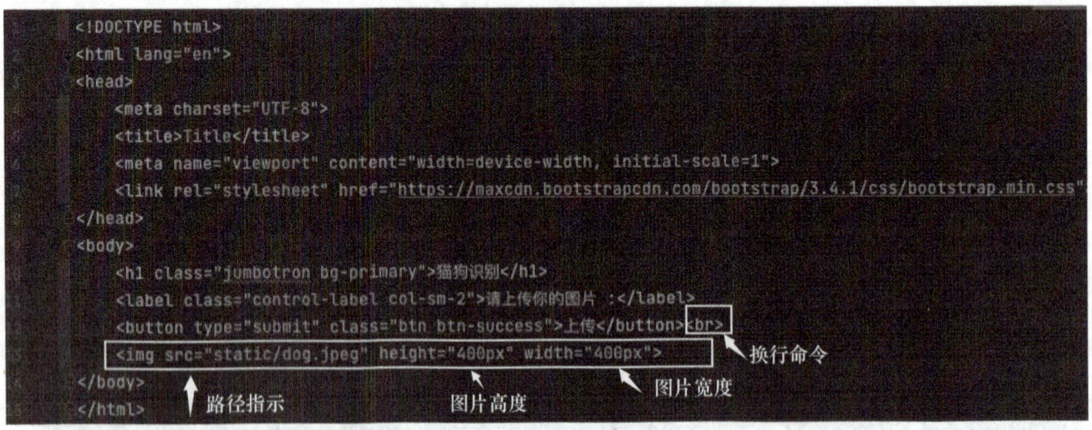

图4-2-22 添加图片和换行命令

校验html内容后重新使用终端指令运行app. py文件。

1）网页预览：index. html。

2）终端运行：sudo python app. py。

3）测试完成后按两次<Ctrl+C>组合键结束进程。

如果显示如图4-2-23所示，则说明成功添加图片。

图4-2-23 成功添加图片

4. 添加判断语句和额外界面

步骤1 在app.py中添加额外代码。添加主页面、次页面，并使用判断语句从my_image中获取文件，将传输文件储存在本地路径，并返回图片路径，用于网页展示图片，如图4-2-24所示。

```
from flask import Flask, render_template, request

app = Flask(__name__)

# 主页面地址
@app.route("/", methods=['GET', 'POST'])
def main():
    return render_template('index.html')

# 次页面地址
@app.route("/submit", methods = ['GET', 'POST'])
def display_img():
    if request.method == 'POST':
        img = request.files['my_image']
        img_path = "static/" + img.filename
        img.save(img_path)
        return render_template("index.html", img_path=img_path)

if __name__ =='__main__':
    app.run()
```

图4-2-24 在app.py中添加额外代码

步骤2 在index.html中添加额外代码。如图4-2-25所示，在该文件中使用容器组合元素、可转入submit、可使用方法post等。如果执行函数后传入img_path，就会展示图片。

校验HTML内容后重新使用终端指令运行app.py文件。

1）网页预览：index.html。

2）终端运行：sudo python app.py。

3）测试完成后按两次<Ctrl+C>组合键结束进程。

如果能成功上传并展示图片,说明正确,如图4-2-26所示。

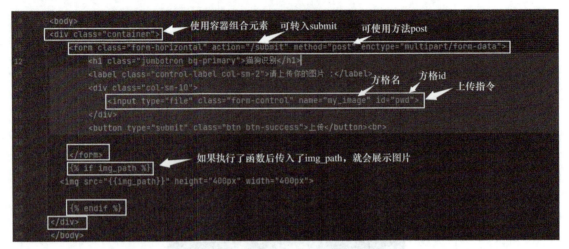

图4-2-25 在index.html中添加额外代码

图4-2-26 成功上传并展示图片

5. 网页端部署模型

步骤1 修改index.html文件。如图4-2-27所示,添加预测指示和预测结果,如果有返回预测值,则展示图片和预测结果。

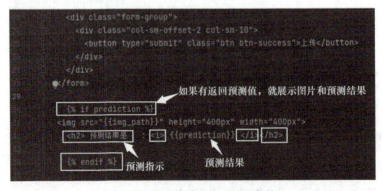

图4-2-27 修改index.html文件

步骤2 在app.py中添加额外代码。

1）添加额外的依赖包，如图4-2-28所示。

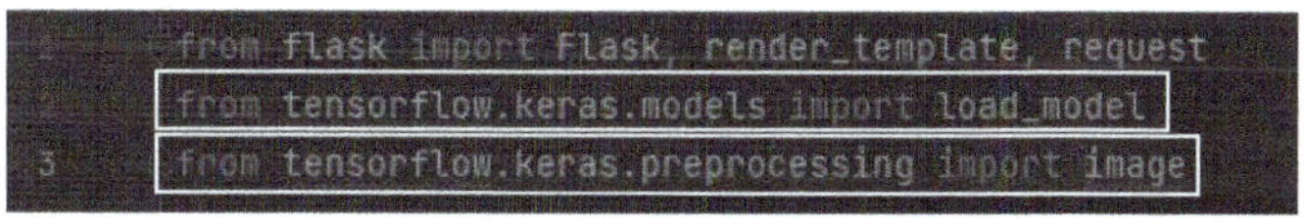

图4-2-28 添加额外的依赖包

2）载入训练好的模型，如图4-2-29所示。

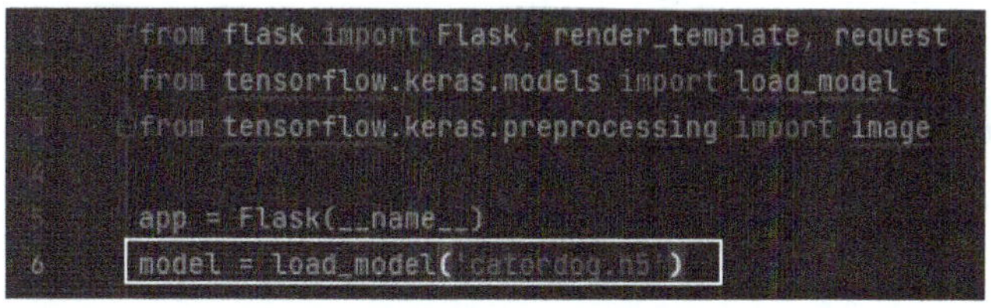

图4-2-29 载入训练好的模型

3）创建字典并返回元素，如图4-2-30所示。

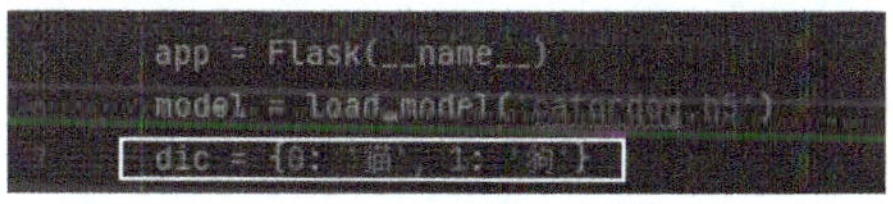

图4-2-30 创建字典并返回元素

到目前，app.py文件的完整代码如下：

```
from flask import Flask, render_template, request
from tensorflow.keras.models import load_model
from tensorflow.keras.preprocessing import image

app = Flask(__name__)
dic = {0: '猫', 1: '狗'}
model = load_model('catordog.h5')

# routes
@app.route("/", methods=['GET', 'POST'])
def main():
return render_template("index.html")


@app.route("/submit", methods=['GET', 'POST'])

def display_img():
if request.method == 'POST':
img = request.files['my_image']
img_path = "static/" + img.filename
img.save(img_path)
return render_template("index.html", img_path=img_path)


if __name__ == '__main__':
app.run()
```

步骤3 编写预测函数。输入项目中h5模型的图片单个大小为（224,244）。变量dic的类型为字典，可以使用键值来提取里面的信息。

动手练习①

- 在<1>处填写图片调整后的大小。
- 在<2>处填写正确的键值，使返回值是"猫"。
- 在<3>处填写正确的键值，使返回值是"狗"。

```
from tensorflow.keras.models import load_model
from tensorflow.keras.preprocessing import image
import cv2
import numpy as np
dic = {0 : '猫', 1 : '狗'}
model = load_model('catordog.h5')
model.make_predict_function()
def predict_label(img_path):
i = image.load_img(img_path, target_size=<1>)
i = image.img_to_array(i)
i = i.reshape(1, 224, 224, 3)
p = model.predict(i)
num = (p[0][0]).astype(float)
if num < 0.5:
return dic<2>
else:
return dic<3>
```

运行以下代码，如果打印的结果是狗，说明上方的函数正确。

```
test = predict_label("./static/dog.jpeg")
print(test)
```

步骤4 在app.py中添加predict_label()预测函数，如图4-2-31所示。

```
1  from flask import Flask, render_template, request
2  from tensorflow.keras.models import load_model
3  from tensorflow.keras.preprocessing import image
4
5  app = Flask(__name__)
6  dic = {0: '猫', 1: '狗'}
7  model = load_model('catordog.h5')
8
9  def predict_label(img_path):
10     i = image.load_img(img_path, target_size=(224, 224))
11     i = image.img_to_array(i)
12     i = i.reshape(1, 224, 224, 3)
13     p = model.predict(i)
14     num = (p[0][0]).astype(float)
15     if num < 0.5:
16         return dic[0]
17     else:
18         return dic[1]
19
```

图4-2-31 添加预测函数

步骤5 在app.py中添加展示图片代码，如图4-2-32所示，使用get_output()替换display_ img()代码展示。使用判断语句，如果未上传图片，则返回默认标签页；如果有上传图片，则使用预测函数预测结果，并返回路径及预测。

```
# routes
@app.route("/", methods=['GET', 'POST'])
def main():
    return render_template("index.html")


@app.route("/submit", methods=['GET', 'POST'])
def get_output():
    if request.method == 'POST':

        img = request.files['my_image']
        if img.filename == '':
            return render_template("index.html")
        else:
            img_path = "./static/" + img.filename
            print(img_path)
            img.save(img_path)

        p = predict_label(img_path)


        return render_template("index.html", prediction=p, img_path=img_path)


if __name__ == '__main__':
    app.run()
```

图4-2-32　添加展示图片代码

步骤6 运行app.py，即可正确在网页端部署应用。校验HTML内容后重新使用终端指令运行app.py文件。网页端预测结果展示如图4-2-33所示。

1）网页预览：index.html。

2）终端运行：sudo python app.py。

3）测试完成后按两次<Ctrl+C>组合键结束进程。

图4-2-33　网页端预测结果展示

任务小结

本任务首先介绍了HTML和CSS的基本概念，接着描述了在网页端的index.html和app.py上的编辑和修改，接着讲解了基于Flask框架将训练好的模型部署在网页端的方法，并编写了预测函数，展示预测结果等。之后通过任务实施，完成了网页端元素的修改和添加、模型在网页端的成功部署。

通过本任务的学习，读者可对HTML和CSS基本知识和概念有更深入的了解，在实践中逐渐熟悉Flask框架的运用、模型在网页端的部署。本任务的思维导图如图4-2-34所示。

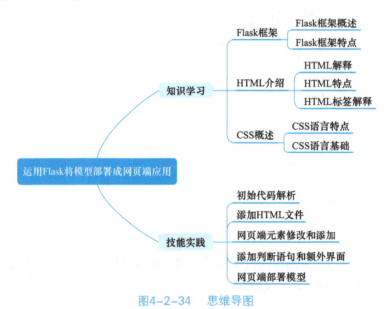

图4-2-34　思维导图

项目 5

神经网络的语言处理——五言古诗生成

项目导入

"知我者,谓我心忧;不知我者,谓我何求""投我以木桃,报之以琼瑶""岂曰无衣?与子同袍"……这些诗句都出自《诗经》。人们经常会选择用诗词来表达自己美好的祈愿与祝福,诗词是中华文化中一颗璀璨的明珠,在漫长的岁月更迭中代代相传。

目前,人工智能技术已经应用到诗歌创作方面,在公开测评中,许多由机器诗人(即"智能写作机器人")写的古诗几乎达到了人类诗人的水平。

我国研制的"小度""小冰""乐府""薇薇"等都是网络上的机器诗人。与人类从背诵、初学对仗开始,一步步成长为诗人一样,机器诗人也要经历模仿、训练、置换、命题才能逐渐走上自主创作的境界。不过,具有先进人工智能的机器在学习写诗方面,要比人类进步更快,因为其记忆力、耐受力、学习能力和纠错能力非常强大。

古诗词生成是自然语言处理里面最有意思的任务之一——自然语言生成(Natural Language Generation,NLG),是让计算机具有与人一样的表达和写作能力的技术,即可根据一些关键信息及其在机器内部的表达形式,经过规划自动生成一段高质量的自然语言文本。

本项目通过3个任务,向读者介绍古诗词文本数据预处理、古诗词模型搭建与训练、古诗词模型测试与部署。通过3个任务的学习,可以了解到在JupyterLab处理古诗词文本数据,并在Keras框架下进行模型的搭建与训练,最后通过使用Flask框架快速将模型部署在云端,并设计了简单的前端界面,在界面的文本框内输入文字内容即可生成藏头诗。

任务1　古诗词文本数据预处理

知识目标

- 熟悉自然语言处理、自然语音理解、自然语言生成的概念及相关联系。
- 了解自然语言处理的研究难点、自然语言生成的基本思路。
- 了解文本处理的方法。

能力目标

- 能够掌握文本数据预处理的方法。
- 能够掌握文本过滤的具体方法。
- 能够掌握有效利用数据的方法。

素质目标

- 具备开阔、灵活的思维能力。
- 具备积极、主动的探索精神。

任务分析

任务描述：

对古诗词文本数据进行数据预处理，过滤不符合要求的数据，提取诗句，并建立有效的数据利用体系。

任务要求：

- 过滤古诗词文本数据的无效内容。
- 完成诗句主体的处理。
- 使用统计方法分析文本数据。
- 过滤低频字符，并建立有效的数据利用体系。

任务计划

根据所学相关知识，制订本任务的任务计划表，见表5-1-1。

表5-1-1 任务计划表

项目名称	神经网络的语言处理——五言古诗生成
任务名称	古诗词文本数据预处理
计划方式	自我设计
计划要求	请用5个计划步骤来完整描述出如何完成本任务
序 号	任 务 计 划
1	
2	
3	
4	
5	

1. 自然语言简介

（1）自然语言处理

自然语言处理（Natural Language Processing，NLP）是人工智能和语言学领域的分支学科。此领域以语言为对象，利用计算机技术来分析、理解和处理自然语言，并提供可供人与计算机之间能共同使用的语言描写。自然语言处理主要应用于语音识别、文字识别、知识图谱、机器翻译、舆情监测、自动摘要、观点提取、文本分类、智能回答等方面。

自然语言处理主要包括自然语言理解（Natural Language Understanding，NLU）与自然语言生成（NLG）两部分，如图5-1-1所示。

图5-1-1 NLP、NLU与NLG之间的关系

（2）自然语言理解

自然语言理解就是希望机器能够像人一样，具备正常人的语言理解能力。自然语言的关键技能是意图识别和实体提取。目前，在自然语言理解方面还是存在较多的难点：

1）语义的多样性，字、词、短语、句子、段落……不同的组合可以表达出很多的含义。例如"我要听《我爱你中国》""唱一首《我爱你中国》"等。

2）语言的歧义性，不联系环境、上下文，语言会有很大的歧义性。例如"我要去拉萨"，是需要订机票，还是想听歌，还是想查景点？

3）语言的鲁棒性，自然语言在输入的过程中，尤其是通过语音识别获得的文本，会存在多字、少字、错字、噪声等问题。例如"我想吃面包""我不想吃面包""我想吃面条"等。

4）语言的知识依赖，语言是对世界的符号化描述。例如"7天"，可以表示时间，也可以表示酒店名。

（3）自然语言生成

自然语言生成是自然语言处理的重要组成部分，主要目的是降低人类和机器之间的沟通鸿沟，根据一些关键信息及其在机器内部的表达形式，将非语言格式的数据转换成人类可以理解的语言格式。自然语言生成可以视为自然语言理解的反向：自然语言理解系统需要厘清输入句的意思，从而产生机器表述语言；自然语言生成系统需要决定如何把概念转化成语言。

语言生成的目标是通过预测句子中的下一个单词来传达信息，可以通过使用语言模型来解决。语言模型是对词序列的概率分布，在字符级别、短语级别、句子级别甚至段落级别构建。例如，为了预测"我需要学习如何____"之后出现的下一个单词，模型为下一个可能的单词分配概率，这些单词可以是"唱歌""工作""跳舞"等。

根据输入信息的不同，NLG又可分为数据到文本的生成、文本到文本的生成、意义到文本的生成、图像到文本的生成等。

2. NLP与NLG

（1）自然语言处理研究的难点

目前，自然语言处理研究存在以下难点：

1）单词的边界界定。在口语中，词与词之间通常是连贯的，而界定字词边界通常使用的方法是取用能让给定的上下文最为通顺，且在文法上无误的一种最佳组合。在书写上，汉语也没有词与词之间的边界。

2）词义的消歧。许多字词不单只有一个意思，因此必须选出使句意最为通顺的解释。

3）句法的模糊性。自然语言的文法通常是模棱两可的，针对一个句子通常可能会剖析（Parse）出多棵剖析树（Parse Tree），必须要仰赖语义及前后文的信息才能在其中选择一棵最为适合的剖析树。

4）有瑕疵的或不规范的输入。例如语音处理时遇到外国口音或地方口音，或者在文本的处理中处理拼写、语法或者光学字符识别（OCR）的错误。本次任务的文本数据预处理，首先就需要对不规范的文本进行筛除。

5）语言行为与计划。句子常常并不只是字面上的意思。例如，"你能把盐递过来吗？"一个好的回答应当是动手把盐递过去。在大多数上下文环境中，"能"将是糟糕的回答，虽说回答"不"或者"太远了我拿不到"也是可以接受的。再者，如果一门课程去年没开设，对于提问"这门课程去年有多少学生没通过"，回答"去年没开这门课"要比回答"没人没通过"好。

（2）自然语言生成的基本思路

本任务将注意力集中在文本生成上，根据输入（比如部分诗句）预测后续的诗句，来实现创作藏头诗、古诗自动补全等功能。传统上，将输入数据转换为输出文本的自然语言生成问题，是通过将其分解为多个子问题来解决。如图5-1-2所示，一般可以将这些问题分为以下6类：

1）内容确定（Content Determination）：决定在建文本中包含哪些信息。

2）文本结构（Text Structuring）：确定将在文本中显示的信息。

3）句子聚合（Sentence Aggregation）：决定在单个句子中呈现哪些信息。此部分将会通过神经网络模型训练的方式预测诗句的文字组合。

4）语法化（Lexicalisation）：找到正确的单词和短语来表达信息。

5）参考表达式生成（Referring Expression Generation）：选择单词和短语以识别域对象。

6）语言实现（Linguistic Realisation）：将所有单词和短语组合成格式良好的句子。

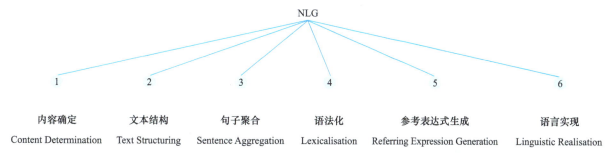

图5-1-2 自然语言生成的步骤

完成本任务的基本思路：

1）能够使用数据预处理的方法，过滤古诗数据库中不符合的数据，如错误符号、生僻字等，并将所有使用到的文字符号进行统计，来确定文本中将会用到哪些文字。

2）由于需要生成五言绝句，诗句的文本结构有清晰的规定，因此要严格对数据库中的非五言绝句诗进行筛除。

3）涉及文字、词语的组合问题是自然语言生成的难点，在数据预处理中加入统计方法，并利用循环神经网络模型训练输入与输出数据之间时间上的关联性，使得文字生成器在不断学习过程中，能够生成更加符合五言绝句风格的诗句。

> **知识拓展**
>
> 扫一扫，了解文本预处理的定义，以及常见的处理方法。
>
>

任务实施

1. 过滤无效内容

步骤1 数据集介绍。本任务使用的古诗词数据集来源于网络，搜集了43,030条古诗词数据保存于根目录下的data文件夹内，内容包含五言古诗、七言古诗等，原始数据包含题目、作者、注释、诗句本体等内容。

步骤2 生成规整的五言古诗。对原始数据进行处理，过滤除古诗词主体之外无用的内容，排除非五言的古诗词主体。处理思路为：

1）观察原始数据可以发现，文本中":"的前后分别为题目和主体，因此可根据此标记过滤古诗词题目。

2）由于本项目为五言古诗生成，因此需要根据小节长度过滤非五言的诗句。五言古诗的格式为字符串的5号位必定为逗号，11号位必定为句号。

3）去除带有括号（）的译注内容。

4）某些带__符号的诗句，其主体和作者混合在一起，难以区分，选择去除此部分内容。

5）某些段落多首诗混在一行，需要进行识别与分离。

深度学习技术应用

6）诗句中可能有生僻字，计算机无法显示，被使用符号"□"代替，如图5-1-3所示。此部分的无效诗句也需要进行过滤。

265 石桥:别有经行所，迥跨重峦侧。粤因求瘼余，倏想寻真域。放情恣披拂，杖策聊□□。□□□□□，□□□□色。乱幡雾中见，雁塔云间识。薄烟幂远郊，遥峰没归翼。仙桥危石架，幽洞乘□□。□□□□□，□□□易测。二教无先后，一相平而直。冀兹捐俗心，永怀依妙力。

图5-1-3 含有"□"的古诗词数据

函数说明

- str.split(str, num)：通过指定分隔符对字符串进行切片，如果参数num有指定值，则分隔num+1个子字符串，返回分割后的字符串列表。
  - str：分隔符，包括空格、换行（\n）、制表符（\t）等。
  - num：分割次数（选填）。默认为-1,即分隔所有。

- list.append(obj)：用于在列表末尾添加新的对象。
  - list：被添加对象的列表。
  - obj：新的对象。

- str.replace(old, new[, max])：把字符串中的old（旧字符串）替换成new（新字符串），如果指定第三个参数max，则替换不超过max次。
  - str：需要修改的字符串。
  - old：字符串中的旧字符串。
  - new：字符串中的新字符串。

- str.find(str, beg=0, end=len(string))：检测是否包含str，若指定beg和end范围，则检查是否在范围内，若包含子字符串则返回开始的索引值，否则返回-1。
  - str：指定检索的字符串。
  - beg：开始索引，默认为0。
  - end：结束索引，默认为字符串的长度。

动手练习❶

- 请在<1>处使用split()函数以"："号为界限将题目与主体分开，提取古诗词的主体部分。

  提取的古诗词主体部分被暂存在参数x中，用于后续处理。

- 请在<2>处设置判断语句对"□"进行检测，判断如果"□"符号在诗句中，跳过该诗句。

- 请在<3>处使用find()函数并在<4>处定位括号的位置。将括号内的内容删除。注意这里查找的括号是中文括号，使用英文括号将无法定位，导致死循环。

- 请在<5>处使用append()函数将提取的诗句加入poems集合。

此部分循环每次只检测单句诗（12个字符）是否满足五言绝句格式要求。

如果此单句诗满足五言古诗格式要求，则将当前满足的诗句加入poems集合，并从原始文本x中删除该诗句。循环检测直到不满足提取条件。

```
# 过滤语料文本中的无效内容
poems=[]
with open('./dataset/poetry.txt', 'r',encoding='UTF-8') as f:
    for line in f:
        x = <1>
        if <2>:          #过滤部分格式混乱的诗
            continue
        #去除所有括号内的内容
        while ' ( ' in x and ' ) ' in x:
            x = x.replace(x[<3>:<4>+1],' ')
        while len(x) > 11:
#判断是否为五言古诗
            if x[5] == '，' and x[11]=='。':
                poems.<5>
                x = x.replace(x[0:12],' ')
            else:
                x=' '
```

运行下方代码查看poems变量中保存的诗句，观察诗句是否按照预期提取了五言古诗。由于诗句数量巨大，全部输出无法显示，此处只截取一段输出。如果输出如图5-1-4所示，则说明填写正确。

print(poems[:10])

['寒随穷律变，春逐鸟声开。', '初风飘带柳，晚雪间花梅。', '碧林青旧竹，绿沼翠新苔。', '芝田初雁去，绮树巧莺来。', '晚霞聊自怡，初晴弥可喜。', '日晃百花色，风动千林翠。', '池鱼跃不同，园鸟声还异。', '寄言博通者，知予物外志。', '一朝春夏改，隔夜鸟花迁。', '阴阳深浅叶，晓夕重轻烟。']

图5-1-4 输出部分诗句

步骤3 删除带有无法识别符号的无效诗句。再次检索并过滤诗句中某些计算机无法显示的生僻字，这些生僻字被使用符号"□"代替。这部分无效诗句也需要进行过滤。

动手练习❷

Python提供了多种删除函数，但这里不使用索引的方式进行删除，因为根据索引删除某个元素后，该元素后续的索引都会改变从而影响后面的删除操作。

● 请在<1>处使用append()函数直接构建一个新的临时空列表tmp存放过滤后的诗句。

```
tmp = []
for line in poems:
    if '□' in line:
        print(line)
    else:
        <1>
```

检测是否过滤成功。使用临时列表更新poems变量，运行下方代码检查是否完成过滤。如果没有无效诗句检出，则说明带无法识别符号的诗句已清洗完成。

```
poems = tmp
for line in poems:
    if '口' in line:
        print(line)
```

2. 处理诗句主体

步骤1 统计文字出现次数。将诗句列表合成字符串，并统计字符串出现的次数。

函数说明

- list(seq)：用于将元组或字符串转换为列表。
  - seq：要转换为列表的元组或字符串。
- sorted(iterable, cmp=None, key=None, reverse=False)：对所有可迭代对象进行排序操作。
  - iterable：可迭代对象。
  - cmp：比较函数，有两个参数，参数的值都是从可迭代对象中取出，此函数必须遵守的规则为，大于则返回1，小于则返回-1，等于则返回0。
  - key：主要是用来进行比较的元素，只有一个参数，具体函数的参数取自可迭代对象，指定可迭代对象中的一个元素来进行排序。
  - reverse：排序规则，reverse=True降序，reverse=False升序（默认）。
- str.join(sequence)：此方法用于将序列中的元素以指定的字符连接生成一个新的字符串。
  - str：用作两元素中间的分隔符，为空则使用无分隔符连接。
  - sequence：用于连接的元素序列。

动手练习❸

此部分将建立字典counted_words变量，统计每个出现的字符的次数，使用统计方法能够有效提升文本生成效果。

- 为便于拆分单个字符，请在<1>处使用join()函数将所有提取的诗句集成为字符串。使用files_content变量保存所有提取的诗句所集成的连续文本。
- 请在<2>处使用list()函数将所有诗句拆分为单个字符列表。
- 请在<3>处在counted_words变量中更新出现单词word的统计次数，每次出现则在原统计结果上加1。

```
#将诗句列表合成为字符串
files_content = <1>
#统计各字符出现的次数
words = sorted(<2>)        #将诗句中的所有字符拆成单个
counted_words = {}
for word in words:         #进行统计
    if word in counted_words:
        <3>
    else:
        counted_words[word] = 1
```

将counted_words统计结果根据出现次数升序输出，不难观察到存在一些低频字符和少量未过滤的杂质。输出统计结果如图5-1-5所示。

```python
print(sorted(counted_words.items(),key=lambda x: x[1]))
```

```
', 98), ('纸', 98), ('缄', 98), ('缕', 98), ('迫', 98), ('障', 98), ('霖', 98), ('霸', 98), ('骥', 98), ('傅
', 99), ('俨', 99), ('姬', 99), ('媒', 99), ('泻', 99), ('瓜', 99), ('甸', 99), ('绳', 99), ('葱', 99), ('裂
', 99), ('褐', 99), ('锄', 99), ('锋', 99), ('阿', 99), ('充', 100), ('婴', 100), ('寻', 100), ('潘', 100),
('煎', 100), ('祝', 100), ('鹄', 100), ('啄', 101), ('浴', 101), ('畴', 101), ('编', 101), ('霰', 101), ('鼙
', 101), ('乏', 102), ('勉', 102), ('壤', 102), ('央', 102), ('妒', 102), ('寰', 102), ('峦', 102), ('廷', 10
2), ('循', 102), ('惧', 102), ('敷', 102), ('槎', 102), ('漱', 102), ('瓦', 102), ('薪', 102), ('衾', 102),
('贡', 102), ('邪', 102), ('郑', 102), ('函', 103), ('匡', 103), ('洽', 103), ('申', 103), ('裾', 103), ('设
', 103), ('铭', 103), ('廓', 104), ('怆', 104), ('憔', 104), ('敬', 104), ('格', 104), ('湛', 104), ('骢', 10
4), ('伦', 105), ('偷', 105), ('否', 105), ('旁', 105), ('沭', 105), ('狐', 105), ('盗', 105), ('砂', 105),
('絮', 105), ('谅', 105), ('雏', 105), ('告', 106), ('坏', 106), ('峤', 106), ('救', 106), ('喧', 106), ('豫
', 106), ('饯', 106), ('鼠', 106), ('厨', 107), ('夭', 107), ('寡', 107), ('效', 107), ('案', 107), ('澜', 10
7), ('肩', 107), ('错', 107), ('阅', 107), ('鹏', 107), ('专', 108), ('倏', 108), ('勇', 108), ('堆', 108),
('彭', 108), ('徊', 108), ('梳', 108), ('涂', 108), ('烹', 108), ('籁', 108), ('馨', 108), ('亩', 109), ('构
', 109), ('架', 109), ('液', 109), ('胸', 109), ('腥', 109), ('补', 109), ('襄', 109), ('贼', 109), ('逃', 10
```

图5-1-5 查看统计结果

步骤2 过滤低频文字。由于低频文字得不到有效训练，因此需要过滤低频文字，并删除低频字所在的诗句。

🌐 函数说明

- del name[index]：del是Python中的关键字，专门用来执行删除操作，用来删除字典、列表的元素。
  - name：表示列表或字典名称。
  - index：表示元素的索引值。

⌨ 动手练习❹

由于某些字符出现次数过少，无法得到有效训练，这里对生僻字符进行过滤。

- 请在<1>处设置判断只出现1次的字符。
- 请在<2>处删除带有低频字符的诗句。

```python
# 去掉低频的字并删除低频字所在的诗句
erase = []
for key in counted_words:
    if <1>:
        erase.append(key)
        for i in range(len(poems)):
            if key in poems[i]:
                print('由于 ',key,' 诗句 ', poems[i],' 被删除')
                del <2>
                break
for key in erase:
    del counted_words[key]
#更新文本集合
files_content = " ".join(poems)
```

运行代码后，查看过滤低频字符的结果。

步骤3 建立双向转换表。完成了字符出现次数的统计与生僻字过滤，此部分将为每个字符分配

id。分配id的目的是方便建立统计模型并对模型进行训练，根据前置输入预测后续的文本。而建立id与字符间的关系能够实现快速双向转换，提高输入与输出效率。

```
# 提取统计结果'counted_words'元组中的所有字符
wordPairs = sorted(counted_words.items(), key=lambda x: –x[1])
words, _ = zip(*wordPairs)
words += (" ",)
# 字符到id的映射
word2num = dict((c, i) for i, c in enumerate(words))
# id到字符的映射
num2word = dict((i, c) for i, c in enumerate(words))
```

函数说明

- zip([iterable, ...])：用于将可迭代的对象作为参数，将对象中对应的元素打包成一个个元组，然后返回由这些元组组成的列表。如果各个迭代器的元素个数不一致，则返回的列表长度与最短的对象相同。
  - iterabl：一个或多个迭代器。
  - 这里使用了解压操作*号操作符将元组解压为列表。

3. 保存成果

步骤1 打印处理结果。通过数据预处理，得到一系列处理结果如下（这里只输出了少量样例，有需要可自行打印完整变量）。

```
## 诗的总数量
poems_num = len(poems)
print('字符转数字对应列表样例： ', word2num['人'])
print('数字转字符对应列表样例： ', num2word[3])
print('文字列表样例： ', words[0:10])
print('古诗集合样例： ', files_content[0:24])
print('五言绝句古诗列表样例： ', poems[0:10])
print('五言绝句古诗数量： ', poems_num)
```

函数说明

- word2num：文字转id对应表。
- num2word：id转文字对应表。
- words：文字列表。
- files_content：处理后的文字内容集合。
- poems：五言绝句古诗列表。
- poems_num：五言绝句的古诗数量。

如果输出结果如图5-1-6所示，则成功完成了古诗词文本数据的预处理。

字符转数字对应列表样例： 3
数字转字符对应列表样例： 人
文字列表样例： ('。',＇，＇,＇不＇,＇人＇,＇山＇,＇日＇,＇无＇,＇风＇,＇云＇,＇一＇)
古诗集合样例： 寒随穷律变，春逐鸟声开。初风飘带柳，晚雪间花梅。
五言绝句古诗列表样例： ['寒随穷律变，春逐鸟声开。','初风飘带柳，晚雪间花梅。','碧林青旧竹，绿沼翠新苔。','芝田初雁去，绮树巧莺来。','晚霞聊自怡，初晴弥可喜。','日晃百花色，风动千林翠。','池鱼跃不同，园鸟声还异。','寄言博通者，知予物外志。','一朝春夏改，隔夜鸟花迁。','阴阳深浅叶，晓夕重轻烟。']
五言绝句古诗数量： 140999

图5-1-6 查看结果

步骤2 保存结果。使用numpy的保存函数，可以快速将处理后的成果保存到根目录下的save文件夹内。如果没有安装numpy，可使用以下命令快速安装。

```
!sudo pip install –i https://pypi.douban.com/simple numpy==1.19.5
import numpy as np
np.save('./save/word2num.npy', word2num)
np.save('./save/num2word.npy', num2word)
np.save('./save/files_content.npy', files_content)
np.save('./save/words.npy', words)
np.save('./save/poems.npy', poems)
```

任务小结

本任务首先介绍了自然语言处理的基本知识和概念、研究的难点，自然语言生成的基本思路，并介绍了古诗词文本数据的预处理方法。之后通过任务实施，完成了无效内容的过滤、诗句主体的处理，并使用numpy保存预处理后的结果。

通过本任务的学习，读者可对古诗词文本数据处理及方法有更深入的了解，在实践中逐渐熟悉相关文本数据的处理。本任务的思维导图如图5-1-7所示。

图5-1-7 思维导图

任务2　模型搭建与训练

知识目标

- 熟悉循环神经网络的基本概念、模型结构。
- 了解长期依赖的问题及解决方法。
- 了解LSTM模型结构与实现步骤。

能力目标

- 能够掌握Keras搭建循环神经网络。
- 能够掌握模型训练过程。
- 能够掌握有效的利用数据的方法。

素质目标

- 具备开阔、灵活的思维能力。
- 具备积极、主动的探索精神。

任务分析

任务描述：

调用任务1处理好的文本数据信息，在预训练模型的基础上进行模型微调训练。

任务要求：

- 理解循环神经网络工作原理。
- 学习使用Keras框架搭建循环神经网络。
- 学习利用预处理后的数据实现数据生成器。
- 掌握并实现神经网络模型训练过程。

任务计划

根据所学相关知识，制订本任务的任务计划表，见表5-2-1。

表5-2-1 任务计划表

项目名称	神经网络的语言处理——五言古诗生成
任务名称	模型搭建与训练
计划方式	自主设计
计划要求	请用5个计划步骤来完整描述出如何完成本任务
序号	任务计划
1	
2	
3	
4	
5	

1. 循环神经网络（RNN）

（1）RNN基本概念

神经网络可以当作能够拟合任意函数的黑盒子，只要训练数据足够，将神经网络模型训练好之后，在输入层给定一个x，通过网络计算之后就能够在输出层得到特定的y，那么既然有了这么强大的模型，为什么还需要循环神经网络呢？

循环神经网络主要应用于序列数据的处理，因输入与输出数据之间有时间上的关联性，所以在常规神经网络的基础上加上了时间维度上的关联性，这样就有了循环神经网络。对于循环神经网络而言，它能够记录很长时间的历史信息，即使在某一时刻有相同的输入，但由于历史信息不同，也会得到不同的输出，这也是循环神经网络相比于常规网络的不同之处。循环神经网络具有记忆性、参数共享并且图灵完备，因此在对序列的非线性特征进行学习时具有一定优势。循环神经网络在自然语言处理，例如语音识别、语言建模、机器翻译等领域有应用，也被用于各类时间序列预报。

先来看一个NLP很常见的问题，命名实体识别，举个例子，现在有两句话：

第一句话：I like eating apple.（我喜欢吃苹果。）

第二句话：The Apple is a company.（苹果是一家公司。）

现在的任务是要给apple打标签，第一个apple是一种水果，第二个apple是苹果公司。假设现在有大量的已经标记好的数据以供训练模型，当使用全连接的神经网络时，是把apple这个单词的特征向量输入到模型中，在输出结果时，让所有的label里正确的label概率最大来训练模型，但语料库中有的apple的label是水果，有的label是公司，这将导致模型在训练的过程中，预测的准确程度取决于训练集中哪个label多一些，这样的模型就没有什么作用。问题就出在了没有结合上下文去训练模型，而是单独的在训练apple这个单词的label，这也是全连接神经网络模型所不能做到的时间序列问题，于是就有了循环神经网络。全连接神经网络的结构如图5-2-1所示。

（2）RNN模型结构

一个简单的循环神经网络由一个输入层、一个隐藏层和一个输出层组成，如图5-2-2所示。

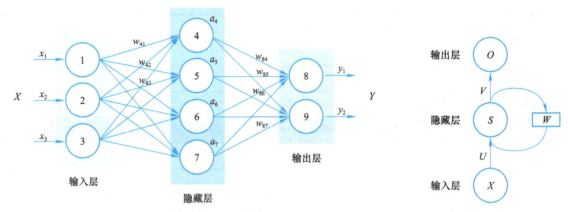

| 图5-2-1 全连接神经网络的结构 | 图5-2-2 简单循环神经网络的组成 |

RNN跟传统神经网络最大的区别在于，每次都会将前一次的输出结果带到下一次的隐藏层中一起训练。如图5-2-3所示，U是输入层到隐藏层的权重矩阵，O也是一个向量，它表示输出层的值；V是隐藏层到输出层的权重矩阵。循环神经网络的隐藏层的值S不仅仅取决于当前这次的输入X，还取决于上一次隐藏层的值S。权重矩阵W就是隐藏层上一次的值作为这一次的输入的权重。

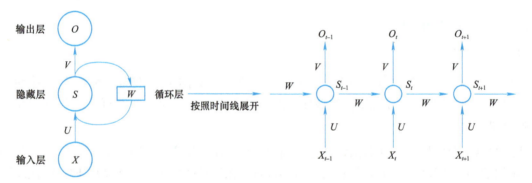

图5-2-3 RNN时间展开图

从RNN时间展开图中可以看出，RNN网络在t时刻接收到输入X_t之后，隐藏层的值是S_t，输出值是O_t。关键一点是S_t的值不仅仅取决于X_t，还取决于S_{t-1}。下面举例来说明RNN如何工作，例如用户说了一句"What time is it？"

如图5-2-4所示，RNN神经网络会先将这句话分为5个基本单元（4个单词+1个问号），并按顺序将5个基本单元输入RNN网络，先将"What"作为RNN的输入，得到输出O_1；随后，按顺序将"time"输入到RNN网络，得到输出O_2。在这个过程可以看到，输入"time"的时候，前面"What"的输出也会对O_2的输出产生影响（隐藏层中有一半是黑色的）。以此类推，可以看到，前面所有的输入产生的结果都对后续的输出产生了影响。当RNN神经网络判断意图的时候，只需要最后一层的输出O_5。

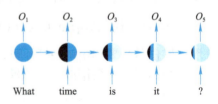

图5-2-4 RNN工作流程示例

2. 长期依赖问题

RNN显著的优势是将以前的信息连接到当前任务，以帮助模型对当前文本的理解。有时为了处理当前的任务，只需查看最近的信息。如果预测"the clouds are in the sky"的最后一个单词，不需要任何其他的语境信息，下一个单词显然是sky。在相关信息和需要该信息的距离较近的时候，RNN能够学会去利用历史信息。

但有时也得考虑上下文情况，例如预测"I grew up in England … I speak fluent English"的最后一个单词根据最近的信息可以得出可能是一种语言的名称，但如果想缩范围确定哪种语言，需从前面获取相关的背景。相关信息和需要该信息的地方可能会相距很远。

长期依赖是指当前系统的状态可能受很长时间之前系统状态的影响，是RNN中无法解决的一个问题。因为出现了长期依赖，预测结果要依赖于很长时间之前的信息。但是随着距离的增加，RNN无法有效利用历史信息。

（1）梯度爆炸

1）当初始的权值过大，靠近输入层的隐藏层权值变化比靠近输出层的隐藏层权值变化更快，就会引起梯度爆炸的问题。

2）在循环神经网络中，误差梯度可在更新中累积，变成非常大的梯度，导致网络权重大幅更新，因此使网络变得不稳定。

3）在极端情况下，权重的值变得非常大，以至于溢出，导致出现NAN值。网络层之间的梯度（大于1.0时）重复相乘导致的指数级增长会产生梯度爆炸。

（2）梯度消失

1）当梯度消失出现时，靠近输出层的隐藏层权值更新相对正常，但是靠近输入层的隐藏层权值更新变得很慢，导致靠近输入层的隐藏层权值几乎不变，仍接近于初始化的权值。

2）梯度消失会导致靠前的隐藏层几乎不更新，相当于只是映射层对所有的输入做函数映射，该神经网络的学习等价于只有后几层的隐藏层在学习。

（3）梯度爆炸、消失的解决方法

方法1 预训练加微调。采取无监督逐层训练方法，基本思想是每次训练一层隐节点，训练时将上一层隐节点的输出作为输入，而本层隐节点的输出作为下一层隐节点的输入，此过程就是逐层"预训练"；在预训练完成后，再对整个网络进行"微调"。此思想相当于先寻找局部最优，然后整合起来寻找全局最优。

方法2 梯度剪切、正则。针对梯度爆炸提出的，其思想是设置一个梯度剪切阈值，然后更新梯度的时候，如果梯度超过这个阈值，就将其强制限制在这个范围之内，这可以防止梯度爆炸。另外一种解决梯度爆炸的手段是采用权重正则化，比较常见的是L1、L2正则，正则化是通过对网络权重做正则限制过拟合，可以部分限制梯度爆炸的发生。

方法3 批规范化（Batch Normalization，BN）。通过对每一层的输出规范为均值和方差一致的方法，消除权重带来的放大缩小的影响，进而解决梯度消失和爆炸的问题。

方法4 激活函数。Relu函数的导数正数部分恒等于1，解决了梯度消失、爆炸的问题，计算方便，计算速度快，加速了网络的训练；但负数部分恒为0，会导致一些神经元无法激活。Leakrelu解决了0区间带来的影响，而且包含了Relu的所有优点。

方法5 LSTM不容易发生梯度消失，原因在于LSTM内部复杂的"门"，通过它内部的"门"可以在接下来更新的时候"记住"前几次训练的"残留记忆"。

3. LSTM与文本生成

（1）LSTM

所有RNN都具有一种重复神经网络单元的链式形式。在标准的RNN中，这个重复的单元只有一个非常简单的结构，例如一个tanh层，如图5-2-5所示。

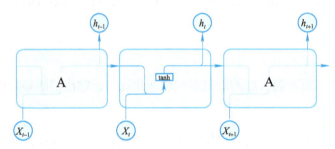

图5-2-5　RNN模型网络的tanh层

LSTM是一种RNN的改进版，解决了普通RNN神经网络训练过程中出现的梯度消失和梯度爆炸的问题，能够学习长期的依赖关系。LSTM的核心思想是通过门控状态来控制传输，记住需要记忆的信息，忘记不重要的信息。LSTM神经网络结构如图5-2-6所示，LSTM在普通RNN循环结构的基础上，增加了一些状态门，用于控制信息传递。

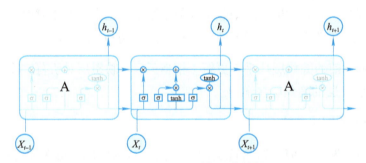

图5-2-6　LSTM神经网络结构

（2）文本生成原理

基于字符集的文本生成原理可以这样简单理解：

1）将一个长文本序列依次输入到循环神经网络。

2）对于给定前缀序列的序列数据，对将要出现的下一个字符的概率分布建立模型。

3）这样就可以每次产生一个新的字符。

比如，想要从给定序列"hell"中生成"hello"。每次输入到循环神经网络中一个字符，并计算其概率分布。每个字符的出现概率分布都是基于前面历史序列得到的，如第二个"l"的概率是通过历史信息"hel"得出，在输出层可以通过最大似然或者条件随机等规则选择结果，再经过不断的迭代、优化训练出文本生成的模型。

> **知识拓展**
>
> 扫一扫，深入了解一下LSTM网络模型及实现步骤吧。

1. 模型环境准备

步骤1 环境安装。首先进行环境配置,运行该项目需要预装的依赖库。运行以下命令,等待依赖库安装,安装成功如图5-2-7所示。

```
!sudo pip install tensorflow-cpu==2.1.0 -i https://pypi.douban.com/simple numpy==1.19.5
```

```
Collecting tensorflow-cpu==2.1.0
  Using cached https://pypi.doubanio.com/packages/ef/38/7dacbbfbcd01d96c8e6bd136c7ac5ba1fe7b7a7bae5de609ae0e371e396c/tensorflow_cpu-2.1.0-cp36-cp36m-win_amd64.whl
Collecting numpy==1.19.5
  Downloading https://pypi.doubanio.com/packages/ea/bc/da526221bc111857c7ef39c3af670bbcf5e69c247b0d22e51986f6d0c5c2/numpy-1.19.5-cp36-cp36m-win_amd64.whl (13.2MB)
Requirement already satisfied: astor>=0.6.0 in c:\anaconda3\lib\site-packages (from tensorflow-cpu==2.1.0)
Requirement already satisfied: wheel>=0.26; python_version >= "3" in c:\anaconda3\lib\site-packages (from tensorflow-cpu==2.1.0)
Requirement already satisfied: absl-py>=0.7.0 in c:\anaconda3\lib\site-packages (from tensorflow-cpu==2.1.0)
Requirement already satisfied: keras-applications>=1.0.8 in c:\anaconda3\lib\site-packages (from tensorflow-cpu==2.1.0)
Requirement already satisfied: keras-preprocessing>=1.1.0 in c:\anaconda3\lib\site-packages (from tensorflow-cpu==2.1.0)
Requirement already satisfied: termcolor>=1.1.0 in c:\anaconda3\lib\site-packages (from tensorflow-cpu==2.1.0)
Requirement already satisfied: wrapt>=1.11.1 in c:\anaconda3\lib\site-packages (from tensorflow-cpu==2.1.0)
Requirement already satisfied: scipy==1.4.1; python_version >= "3" in c:\anaconda3\lib\site-packages (from tensorflow-cpu==2.1.0)
```

图5-2-7 环境安装

步骤2 依赖环境导入。运行代码,导入所需要的依赖库。

```
import random
import os
import tensorflow.keras
import numpy as np
from tensorflow.keras.callbacks import LambdaCallback
from tensorflow.keras.models import Model, load_model
from tensorflow.keras.layers import Input, LSTM, Dropout, Dense
from tensorflow.keras.optimizers import Adam
```

函数说明

- random:实现随机化的依赖库。

- os:实现对文件或目录进行操作的依赖库。

- keras:是用Python编写的高级神经网络API,已集成在TensorFlow内。

- numpy:Python语言的一个扩展程序库,支持大量的维度数组与矩阵运算,此外也针对数组运算提供大量的数学函数库。

- LambdaCallback:用于在训练进行中创建自定义的回调函数。

- Model, load_model:Keras模型实例化方法和模型加载方法。

- Input, LSTM, Dropout, Dense：
  - Input：输入层，用于实例化Keras张量。
  - LSTM：用于解决循环神经网络在训练过程中梯度消失/爆炸问题。
  - Dropout：丢弃层，即根据比例随机丢弃一些神经元，防止神经网络在训练过程中过度依赖某个神经元，可用于防止过拟合，提升模型泛化能力。
  - Dense：全连接层是由一个特征空间线性变换到另一个特征空间。目的是将前面提取的特征经过非线性变化，提取这些特征之间的关联，最后映射到输出空间上。简单来说，全连接就是把以前的局部特征重新通过权值矩阵组装成完整的图。
- Adam：Adam优化算法是随机梯度下降算法的扩展式，近来其广泛用于深度学习应用中，尤其是计算机视觉和自然语言处理等任务。

步骤3 数据导入。任务1中已经对数据集进行处理，提取符合要求的五言绝句诗。这里使用np.load( )函数快速加载save文件夹中预处理后的古诗句。

```
# 加载文件预处理结果
word2num = np.load('./save/word2num.npy',allow_pickle=True).item()
num2word = np.load('./save/num2word.npy',allow_pickle=True).item()
words= tuple(np.load('./save/words.npy',allow_pickle=True))
files_content = np.load('./save/files_content.npy',allow_pickle=True).item()
poems = np.load('./save/poems.npy',allow_pickle=True).tolist()
# 诗的总数量
poems_num = len(poems)
word2numF = lambda x: word2num.get(x, len(words) – 1)
print('字符转数字对应列表样例：', word2num['人'])
print('数字转字符对应列表样例：', num2word[3])
print('文字列表样例：', words[0:10])
print('古诗集合样例：', files_content[0:24])
print('五言绝句古诗列表样例：', poems[0:10])
print('五言绝句古诗数量：', poems_num)
```

运行以上代码后，输出如图5-2-8所示。

```
字符转数字对应列表样例：   3
数字转字符对应列表样例：   人
文字列表样例：   ('。', '，', '不', '人', '山', '日', '无', '风', '云', '一')
古诗集合样例：   寒随穷律变，春逐鸟声开。初风飘带柳，晚雪间花梅。
五言绝句古诗列表样例：   ['寒随穷律变，春逐鸟声开。', '初风飘带柳，晚雪间花梅。', '碧林青旧竹，绿沼翠新苔。', '芝田初雁去，绮树巧莺来。', '晚霞聊自怡，初晴弥可喜。', '日晃百花色，风动千林翠。', '池鱼跃不同，园鸟声还异。', '寄言博通者，知予物外志。', '一朝春夏改，隔夜鸟花迁。', '阴阳深浅叶，晓夕重轻烟。']
五言绝句古诗数量：   140995
```

图5-2-8 查看预处理后的古诗词

步骤4 配置训练超参数。

函数说明

- weight_file：预训练权重文件地址。
- max_len：根据多少字符的内容生成后续字符。

- batch_size：每次迭代批处理字符数量。
- learning_rate：设置学习率大小。
- log_output：日志文件存放地址。
- model：用于存放载入的模型。
- load_pretrain_model：设置是否加载预训练模型，若从0开始训练则设置False。

动手练习❶

- 在<1>处填写预训练权重文件地址，可在项目根目录下找到预训练模型pretrain_model.h5。
- 在<2>处设置根据多少字符的内容生成后续字符，如设置为6则根据前六个字符预测第七个字符。

由于此项目为五言古诗的生成，设置每一句的长度为6较为合理。

需要注意的是，由于提供的预训练模型输入层设定为6，max_len如果设定为其他数值将导致预训练模型加载失败。

如果需要调整max_len的数值，请将load_pretrainmodel设置为False从0开始进行训练。

- 在<3>处设置批处理数量，即每次训练传入模型的字符数量。在合理范围内增大批处理数量有利于提高内存利用率，帮助模型快速收敛，但需根据硬件条件设置，以免超出内存上限导致代码运行失败。

通常数值设置为2^n。数值可自行尝试，通常设置为16或32。

- 在<4>处设置学习率，为模型训练设置学习率，学习率的设置通常需要根据经验并结合实际情况进行调整，由于此次案例为微调训练，建议设置学习率为10^{-5}（0.00001）。
- 在<5>处设置测试日志文件输出地址，建议设置为./out/out.txt。

```
weight_file = <1>
max_len = <2>
batch_size = <3>
learning_rate = <4>
log_output = <5>
model = None
load_pretrain_model = True
```

2. 模型训练数据生成

步骤1 定义数据生成器。

生成器：模型训练过程中，如果直接将训练数据全部读入内存，在数据量较大的情况下，往往会导致内存无法承载过量数据而运行错误。生成器并不把所有的值放在内存中，它可用迭代的方法分批实时地生成数据，以减少内存负担。

yield关键字：yield是一个类似return的关键字，不同的是，return在返回值后就结束，而yield返回的是个生成器。其过程如下：

函数执行第一次迭代，从开始到yield关键字，然后返回yield后的值作为第一次迭代的返回值，但循环并不终止。后续每次执行此函数都会在先前运行的基础上，继续执行函数内部定义的循环，并返回值。不断循环直到没有可以返回的值。

生成数据：超参数中定义了文本生成所使用依据的长max_len，训练过程每次将从定位点i开始，提取i到i+max_len区间（前闭后开）内的字符串用于训练，第i+max_len位字符用于验证并计算损失。其次，中文字符将通过把中文字符转为id的形式进入训练。

```python
def data_generator():   #数据生成器
    i = 0
    while 1:
        x = files_content[i: i + max_len]
        y = files_content[i + max_len]
        y_vec = np.zeros(
            shape=(1, len(words)),
            dtype=np.bool )
        y_vec[0, word2numF(y)] = 1.0
        x_vec = np.zeros(
            shape=(1, max_len, len(words)),
            dtype=np.bool )
        for t, char in enumerate(x):
            x_vec[0, t, word2numF(char)] = 1.0
        yield x_vec, y_vec
        i += 1
```

步骤2 定义文字生成器函数。该函数供类内部调用，输入用于生成古诗所依据的字符串，通过模型预测下一个文字，再将新文字加入输入数据用于后续预测，直到返回length长度的预测值字符串。

```python
def _preds(sentence,length = 24,temperature =1):
    sentence = sentence[:max_len]
    generate = ''
    for i in range(length-1):
        pred = _pred(sentence,temperature)
        generate += pred
        sentence = sentence[1:]+pred
    return generate
```

函数说明

- sentence：预测输入值，传入用于生成的文字依据。

- lenth：预测出的字符串长度，由于是生成五言绝句，长度已预设为24。

- temperature：使用temperature作为指数对所有概率进行处理，并重新统计概率分布，从而调整备选输出文字的概率，结论如下：

  ○ 当temperature=1时，模型输出正常无变化。

  ○ 当temperature<1时，模型输出比较"开放"，将有更多机会选择其他备选文字。即原概率大的概率比例将被减小，原小概率备选文字的概率比例将被放大。temperature的值越小这种影响越强。

  ○ 当temperature>1时，模型输出比较"保守"，更加倾向选择原高概率的备选文字。即原概率大的概率比例将更大，原小概率备选文字的概率比例将被缩小。temperature的值越大这种影响越强。

内部使用方法，根据一串输入，返回单个预测字符，传入参数含义与上方函数相同。

```
def _pred(sentence,temperature =1):
    if len(sentence) < max_len:
        print('in def _pred,length error ')
        return
    sentence = sentence[-max_len:]
    x_pred = np.zeros((1, max_len, len(words)))
    for t, char in enumerate(sentence):
        x_pred[0, t, word2numF(char)] = 1.
    preds = model.predict(x_pred, verbose=0)[0]
    preds = np.asarray(preds).astype('float64')
    exp_preds = np.power(preds,temperature)  #计算所有备选输出文字概率'preds'的'temperature'次方
    preds = exp_preds / np.sum(exp_preds)    #重新统计概率分布
    pro = np.random.choice(range(len(preds)),1,p=preds)  #根据新概率随机选择候选文字
    next_index = int(pro.squeeze())
    next_char = num2word[next_index]
    return next_char
```

3. 模型搭建

步骤1 建立模型。通过嵌套的方式逐层搭建而来，下方介绍需要使用的相关函数。

函数说明

- Input()：输入层，用于实例化Keras张量。构建的模型输入需要根据设定的文本依据长度与数据库字符数量共同决定。

- LSTM()：用于解决循环神经网络在训练过程中的梯度消失/爆炸问题。

- Dropout()：丢弃层，训练过程中随机丢弃一些输入，丢弃部分的参数不更新。防止在训练过程中过度依赖某个神经元，可防止过拟合，提升模型泛化能力。

- Dense()：全连接层本质由一个特征空间线性变换到另一特征空间。将前面提取的特征经过非线性变化，提取特征之间的关联，最后映射到输出空间上。即把以前的局部特征重新通过权值矩阵组装成完整的图。

- softmax：它把一些输入映射为0~1之间的实数，并且归一化保证和为1，因此多分类的概率之和也刚好为1。

- Model()：根据自己的设置创建完全定制化的模型。

动手练习❷

请根据要求填写<>的内容来搭建神经网络模型。

- 在<1>处填写丢弃比例。取值范围为小于1的小数，小数值越接近1，则丢弃的神经元越多。

如设置丢弃比例为0.5，则表示有50%的神经元被丢弃。

- 在<2>处嵌套先前的神经网络层。
- 在<3>处设置全连接输出结果处理方法，使用softmax能将输出结果以概率的形式输出。

```
input_tensor = Input(shape=(max_len, len(words)))
lstm = LSTM(512, return_sequences=True)(input_tensor)
dropout = Dropout(<1>)(lstm)
lstm = LSTM(256)(<2>)
dropout = Dropout(<1>)(lstm)
dense = Dense(len(words), activation=<3>)(dropout)
model = Model(inputs=input_tensor, outputs=dense)
print('build model')
```

步骤2 配置优化器。根据模型训练要求，对LSTM优化器进行配置。

```
optimizer = Adam(lr=learning_rate)
model.compile(loss='categorical_crossentropy', optimizer=optimizer, metrics=['accuracy'])
```

函数说明

- Adam(learning_rate)：其中learning_rate为学习率，已在超参数设置部分定义。将输出误差反向传播给网络参数，以此来拟合样本的输出。本质上是最优化的一个过程，逐步趋向于最优解。

- model.compile(loss,optimizer,metrics)：用于在配置训练方法时，告知训练时用的优化器、损失函数和准确率评测标准。

  ○ loss：损失函数。多分类损失函数包括二分类交叉熵损失函数binary_crossentropy、多类别交叉熵损失函数categorical_crossentropy。

  ○ optimizer：优化器。

  ○ metrics：评价指标。提供了6种评价指标，分别是准确率accuracy、二分类准确率binary_accuracy、分类准确率categorical_accuracy、稀疏分类准确率sparse_categorical_accuracy、多分类TopK准确率top_k_categorical_accuracy和稀疏多分类TopK准确率parse_top_k_categorical_accuracy。

本任务采用的是多类别交叉熵损失函数categorical_crossentropy和准确率accuracy。

4. 模型训练

步骤1 加载预训练模型。根据超参数配置的预训练模型地址加载预训练模型，使用超参数load_pretrain_model控制是否加载预训练模型，默认为True，即加载预训练模型并在此基础上继续训练。如果想要体验从零开始训练模型，可将参数改为False。

```
# 如果模型文件存在则直接加载模型，否则开始训练
if os.path.exists(weight_file) and load_pretrain_model:
    model = load_model(weight_file)
    print('model loaded')
```

项目5 神经网络的语言处理——五言古诗生成

函数说明

- load_model(weight_file)：载入预训练模型。
  - weight_file：需要载入模型的路径。
  - load_model：是否加载预训练模型。

步骤2 设置模型测试。

动手练习❸

理解模型微调训练，按照要求在以下代码中<>处填写缺失的参数，再运行代码。

- 在<1>处设置测试频率，如数字4指每4次迭代进行一次模型测试。
- 在<2>处设置输出测试日志存放地址，调用超参数log_output。

```
def generate_sample_result(epoch, logs):
    '''训练过程中，每4个epoch打印出当前的学习情况'''
    if epoch % <1> != 0:
        return

    with open(<2>, 'a',encoding='utf-8') as f:
        f.write('========Epoch {}========\n'.format(epoch))
    print("\n========Epoch {}========".format(epoch))

    index = random.randint(0, poems_num)  #随机抽取诗句测试
    text = poems[index][: max_len]
    sentence = text[-max_len:]
    print('使用以下诗句进行测试:',sentence)
    for diversity in [0.7, 1.0, 1.3]:
        print("------Diversity {}-------".format(diversity))
```

步骤3 开始模型训练。

函数说明

- fit_generator(generator, steps_per_epoch, epochs=1, verbose=1, callbacks=None)：利用Python的生成器，逐个生成数据的batch并进行训练。生成器与模型将并行执行以提高效率。函数返回一个history对象。
  - generator：生成器函数，所有的返回值都应该包含相同数目的样本。每个epoch以经过模型的样本数达到steps_per_epoch时，记为一个epoch结束。
  - steps_per_epoch：表示一个epoch中迭代的次数，根据实际情况自定义。常用设置为数据集样本数量除以批量大小，表示一次迭代将所有数据训练一次。当生成器返回steps_per_epoch次数据时为一个epoch结束，执行下一个epoch。
  - epochs：整数，表示数据迭代的轮数，可根据实际需求进行自定义。
  - verbose：是否在训练过程显示训练信息。
  - callbacks：在训练期间应用的回调函数。可以使用回调函数来查看训练模型的内在状态和统计。

动手练习④

- 在<1>处设置生成器函数，将generator设置为data_generator()，传入上文定义的数据生成器。
- 在<2>处设置每轮迭代次数，如果需要训练全部数据number_of_steps_per_epoch中已经自动计算所需的步数，但考虑到单次迭代训练所有数据耗时巨大且不易观察模型变化，建议使用较小的数字。如将steps_per_epoch设置为32。
- 在<3>处设置迭代次数，设置时需考虑实际耗时，如果进行微调训练，可手动设置epochs迭代次数为10次。
- 在<4>处设置训练期间应用的回调函数generate_sample_result，实现训练过程中对模型效果进行实时测试。

```
'''训练模型'''
print('training')
number_of_steps_per_epoch = int((len(files_content)-(max_len + 1))/batch_size)
if os.path.exists(log_output):
    os.remove(log_output) #训练前清除原有日志
model.fit_generator(
    generator=<1>,
    steps_per_epoch=<2>,
    epochs=<3>,
    verbose=True,
    callbacks=[
        #tensorflow.keras.callbacks.ModelCheckpoint(weight_file, save_weights_only=False), #用于实时更新
保存权重
        LambdaCallback(on_epoch_end=<4>)])
```

步骤4 查看测试日志。日志文件保存于根目录下的out文件夹内，单击日志链接快速打开日志文件。基于预训练模型得到的日志文件中，输出文本通常都已达到较好的效果。

如果从0开始进行文本训练，可以看到下方输出结果如图5-2-9所示。通过左右对比可以明显看到模型文本生成能力有明显提升。

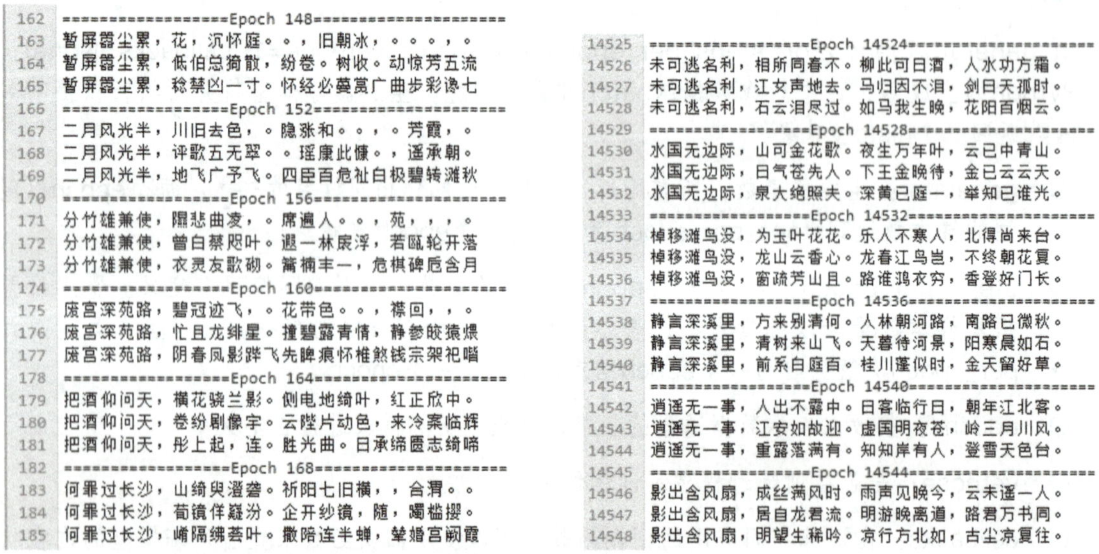

==================Epoch 148====================
暂屏嚣尘累，花，沉怀庭。。，旧朝冰，。。。，。
暂屏嚣尘累，低伯总猗散，纷卷。树收。动惊芳五流
暂屏嚣尘累，稔禁凶一寸。怀经必蕒萬广曲步彩谗七
==================Epoch 152====================
二月风光半，川旧去色，。隐涨和。。，。芳霞，。
二月风光半，评歌五无翠。。瑶康此慷。，遥承朝。
二月风光半，地飞广予飞。四臣百危祉白极碧转滩秋
==================Epoch 156====================
分竹雄兼使，隰悲曲凌，。席遍人。。，苑，，，。
分竹雄兼使，曾白蔡咫叶。遐一林戾浮，若瓯轮开落
分竹雄兼使，衣灵友歌砌。篱楠丰一，危棋碑卮含月
==================Epoch 160====================
废宫深苑路，碧冠迹飞，。花带色。。，襟回，，。
废宫深苑路，忙且龙绯星。撞碧露青情，静参皎猿煨
废宫深苑路，阴春凤影跸飞先睥痕怀椎煞钱宗架祀嚼
==================Epoch 164====================
把酒仰问天，横花骁兰影。侧电地绮叶，红正欣中。
把酒仰问天，卷纷剧像宇。云陛片动色，来冷案临辉
把酒仰问天，彤上起，连。胜光曲。日承缔匮志绮啼
==================Epoch 168====================
何罪过长沙，山绮舆澄砻。祈阳七旧横，，合胥。。
何罪过长沙，荀镜佯嶷汾。企开纱镜，随，躅槛撄。
何罪过长沙，嵴隔绋荟叶。撒陪连半蝉，筚婚宫阙霞

==================Epoch 14524====================
未可逃名利，相所同春不。柳此可日酒，人水功方霜。
未可逃名利，江女声地去。马归因不泪，剑日天孤时。
未可逃名利，石云泪尽过。如马我生晚，花阳百烟云。
==================Epoch 14528====================
水国无边际，山可金花歌。夜生万年叶，云已中青山。
水国无边际，日气苍先人。下王金晚待，金已云云天。
水国无边际，泉大绝照夫。深黄已庭一，举知已谁光。
==================Epoch 14532====================
棹移滩鸟没，为玉叶花花。乐人不寒人，北得尚来台。
棹移滩鸟没，龙山云香心。龙春江鸟岂，不终朝花复。
棹移滩鸟没，窗疏芳山且。路谁鸿衣穷，香登好门长。
==================Epoch 14536====================
静言深溪里，方来别清何。人林朝河路，南路已微秋。
静言深溪里，清树来山飞。天暮待河景，阳寒晨如石。
静言深溪里，前系白庭百。桂川蓬似时，金天留好草。
==================Epoch 14540====================
逍遥无一事，人出不露中。日客临行日，朝年江北客。
逍遥无一事，江安如故迎。虚国明夜苍，岭三月川风。
逍遥无一事，重露落满有。知知岸有人，登雪天色台。
==================Epoch 14544====================
影出含风扇，成丝满风时。雨声见晚今，云未遥一人。
影出含风扇，居自龙君流。明游晚离道，路君万书同。
影出含风扇，明望生稀吟。凉行方北如，古尘凉复往。

图5-2-9 模型文本生成

步骤5 保存模型。测试结果满意后,运行以下代码将模型保存到本地。

```
model.save('poetry_model.h5')
```

任务小结

本任务首先介绍了RNN循环神经网络,并提到了长期依赖存在的问题:梯度爆炸、梯度消失,进而介绍了LSTM长短期记忆神经网络等基本知识。接着介绍了模型搭建之前的环境准备、数据生成、模型搭建后的训练等。之后通过任务实施,完成了模型搭建和训练,同时对脚本参数进行了详细解释。

通过本任务的学习,读者可对LSTM模型的建立、模型训练过程有更深入的了解,在实践中逐渐熟悉模型训练环境准备过程,正确使用脚本和命令,学会优化器的配置、预训练模型的加载、模型测试的设置等。本任务的思维导图如图5-2-10所示。

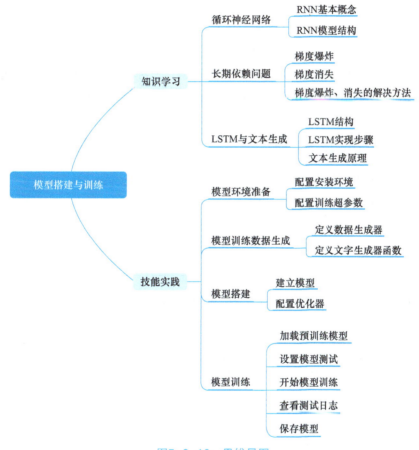

图5-2-10 思维导图

任务3 模型测试与部署

知识目标

- 熟悉人工智能模型测试。

深度学习技术应用

- 了解常见的模型部署方法及方案。
- 了解五言古诗生成应用界面的设计。

能力目标

- 能够掌握Keras搭建循环神经网络。
- 能够掌握模型训练过程。

素质目标

- 具备开阔、灵活的思维能力。
- 具备积极、主动的探索精神。

任务分析

任务描述：

通过任务1的有效数据提取与任务2训练循环神经网络，已经得到了能够根据输入数据预测后续古诗内容的网络模型。本任务将调用模型进行输出测试，并实现模型在网页端的部署。

任务要求：

- 实现古诗文本生成应用的各类功能。
- 测试古诗生成应用的各类功能。
- 成功使用Flask进行应用的网页端部署。

任务计划

根据所学相关知识，制订本任务的任务计划表，见表5-3-1。

表5-3-1 任务计划表

项目名称	神经网络的语言处理——五言古诗生成
任务名称	模型测试与部署
计划方式	自主设计
计划要求	请用5个计划步骤来完整描述出如何完成本任务
序　号	任务计划
1	
2	
3	
4	
5	

知识储备

1. 模型测试

不论是传统软件还是机器学习,测试目的都是检验被测对象是否符合预期。不同点在于传统测试是检测程序的输出结果是否符合预期的正确值。通过对比实际输出与预期输出,相同则是符合。机器学习模型却不同,模型的结果预先不知且不确定,所以不同于传统测试。模型测试是通过检验一组带标签的数据的模型结果是否符合预期的准确率或误差,来评估模型的好坏。

2. 模型部署

(1)初识模型部署

在软件工程中,部署是指把开发完毕的软件投入使用的过程,包括环境配置、软件安装等步骤。类似地,对于深度学习模型来说,模型部署是指让训练好的模型在特定环境中运行的过程。相比于软件部署,模型部署会面临更多的难题:

1)难以配置运行模型所需的环境。深度学习模型通常是由一些框架编写,比如PyTorch、TensorFlow。由于框架规模、依赖环境的限制,这些框架不适合在手机、开发板等生产环境中安装。

2)深度学习模型的结构通常比较庞大,需要大量的算力才能满足实时运行的需求。模型的运行效率需要优化。

因为这些难题的存在,模型部署不能靠简单的环境配置与安装完成。经过工业界和学术界数年的探索,模型部署有了一条流行的流水线,如图5-3-1所示。

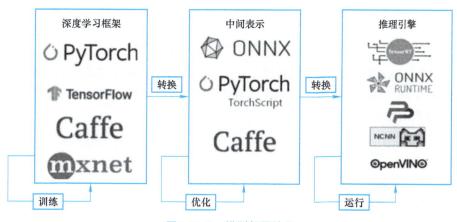

图5-3-1 模型部署流程

为了让模型最终能够部署到某一环境上,开发者们可以使用任意一种深度学习框架来定义网络结构,并通过训练确定网络中的参数。之后,模型的结构和参数会被转换成一种只描述网络结构的中间表示,一些针对网络结构的优化会在中间表示上进行。最后,用面向硬件的高性能编程框架(如CUDA、OpenCL)编写,能高效执行深度学习网络中算子的推理引擎会把中间表示转换成特定的文件格式,并在对应硬件平台上高效运行模型。

这一条流水线解决了模型部署中的两大问题:使用对接深度学习框架和推理引擎的中间表示,开发者不必担心如何在新环境中运行各个复杂的框架;通过中间表示的网络结构优化和推理引擎对运算的底层优化,模型的运算效率大幅提升。

（2）基于TF-Serving的方案

如果在要部署的服务器上不愿或无法安装和训练一样的环境，则可以使用TensorFlow推出的Serving工具。在TF-Serving流程上一般会用到两台机器（或更多），其中一台作为TF-Serving的服务器，专门给模型用来部署并预测，应用服务放在另外的服务器，跟其他服务共享环境。

如图5-3-2所示，将模型部署在TF-Serving的服务器上，TF-Serving会自动根据传入的端口和模型路径进行部署，模型所在的服务器不需要Python环境，随后应用服务直接对模型所在服务器发起服务调用，调用可以通过Java或Python的grpc进行调用。

如图5-3-3所示，首先在GPU服务器上训练好模型，将模型保存好，再根据网上的转换脚本转换成TF-Serving接受的格式，不论使用TensorFlow还是Keras都不影响，只是保存的函数不同而已，查好具体用哪个函数即可，最后将生成出来的文件上传到安装了TF-Serving的服务器，启动服务即可。

图5-3-2　基于TF-Serving的模型部署　　　　图5-3-3　部署流程

3. 五言古诗生成应用界面介绍

一个完整的HTTP请求过程：域名解析→与服务器建立连接→发起HTTP请求→服务器响应HTTP请求，浏览器得到HTML代码→浏览器解析HTML代码，并请求HTML代码中的资源（如Java Script、CSS、图片）→浏览器对页面进行渲染呈现给用户（客户端），如图5-3-4所示。

图5-3-4　HTTP请求过程

本任务通过使用Flask框架快速将模型部署在云端，并设计了简单的前端界面，如图5-3-5所示，用户可以直接通过网站访问，并在浏览器的应用内实现交互。该应用将会把用户输入的请求传给后端处理，再将结果传回浏览器界面显示。

图5-3-5　五言古诗生成应用界面

> 除了文中介绍的模型部署的相关内容外，大家还了解其他的模型部署方式吗？扫一扫，了解一下吧。

以上为成功部署后的网页应用界面，在文本框内输入文字内容即可生成藏头诗。

任务实施

1. 准备测试环境

步骤1 环境安装。首先进行环境配置，运行该项目需要预装的依赖库如下：

!sudo pip install -i https://pypi.douban.com/simple tensorflow-cpu==2.1.0 numpy==1.19.5

步骤2 导入依赖库。环境安装好后，根据测试需要导入必要的依赖环境。

```
import random
import os
import tensorflow.keras
import numpy as np
from tensorflow.keras.models import load_model
```

函数说明

- random：实现随机化的依赖库。
- os：实现对文件或目录进行操作的依赖库。
- keras：Keras是一个用Python编写的高级神经网络API，已经集成在TensorFlow内。
- numpy：Python语言的一个扩展程序库，支持大量的维度数组与矩阵运算，此外也针对数组运算提供大量的数学函数库。
- load_model：Keras模型实例化方法和模型加载方法。

步骤3 导入数据。模型的运行与测试需要依赖任务1中处理得到的数据与转换字典，同时输入文本的长度应与任务2中的设定保持一致。

```
max_len = 6
word2num = np.load('./save/word2num.npy',allow_pickle=True).item()
num2word = np.load('./save/num2word.npy',allow_pickle=True).item()
words= tuple(np.load('./save/words.npy',allow_pickle=True))
files_content = np.load('./save/files_content.npy',allow_pickle=True).item()
poems = np.load('./save/poems.npy',allow_pickle=True).tolist()
# 诗的总数量
poems_num = len(poems)
word2numF = lambda x: word2num.get(x, len(words) - 1)
```

步骤4 定义文字生成函数。该函数负责文字处理，输入用于生成古诗所依据的字符串，预测下一文字，再将新文字加入输入数据用于后续预测，直到返回length长度的预测值。

```
def _preds(sentence,length = 24,temperature =1):
    sentence = sentence[:max_len]
    generate = ''
    for i in range(length-1):
        pred = _pred(sentence,temperature)
        generate += pred
        sentence = sentence[1:]+pred
    return generate
```

函数说明

- sentence：预测输入值，传入用于生成的文字依据。
- lenth：预测出的字符串长度，由于是生成五言绝句，长度已预设为24。
- temperature：使用temperature作为指数对所有概率进行处理：
  - 当temperature=1时，模型输出正常无变化。
  - 当temperature<1时，模型输出比较"开放"，将有更多机会选择其他备选文字。
  - 当temperature>1时，模型输出比较"保守"，更加倾向选择原高概率的备选文字。

内部使用方法，根据一串输入，返回单个预测字符，传入参数含义与上方函数相同。

```python
def _pred(sentence,temperature =1):
    if len(sentence) < max_len:
        print('in def _pred,length error ')
        return
    sentence = sentence[-max_len:]
    x_pred = np.zeros((1, max_len, len(words)))
    for t, char in enumerate(sentence):
        x_pred[0, t, word2numF(char)] = 1.
    preds = model.predict(x_pred, verbose=0)[0]
    print(preds)
    preds = np.asarray(preds).astype('float64')
    exp_preds = np.power(preds,temperature)  #计算所有备选输出文字概率'preds'的'temperature'次方
    preds = exp_preds / np.sum(exp_preds)    #重新统计概率分布
    pro = np.random.choice(range(len(preds)),1,p=preds) #根据新概率随机选择候选文字
    next_index = int(pro.squeeze())
    next_char = num2word[next_index]
    return next_char
```

2. 模型测试

步骤1 加载模型。载入任务2生成的模型poetry_model.h5进行测试，模型内自带网络结构，因此无须重建网络。

```python
weight_file = './poetry_model.h5'
model = load_model(weight_file)
print('model loaded')
```

步骤2 输入4个汉字生成藏头五言古诗。实现方法如下：

1）诗句预测需满足max_len个字符作为输入，随机提取一首诗最后max_len-1个字符。

2）将最后max_len-1个字符和给出的首个文字作为初始输入，如"逐鸟声开。初"。

3）预测出诗句的第一小节。

4）在每个小节前分别加入用户指定的文字组成输入。

5）重复上述步骤预测出剩下3个小节的诗句。

```python
def predict_hide(text,temperature = 1):
    if len(text)!=4:
        print('藏头诗的输入必须是4个字！')
        return
```

```
index = random.randint(0, poems_num)  #选取随机一首诗
sentence = poems[index][1-max_len:] + text[0]  #将诗句与给出的首个文字组合作为初始输入
generate = str(text[0])
for i in range(5):
    next_char = _pred(sentence,temperature)
    sentence = sentence[1:] + next_char
    generate+= next_char
for i in range(3):
    generate += text[i+1]
    sentence = sentence[1:] + text[i+1]
    for i in range(5):
        next_char = _pred(sentence,temperature)
        sentence = sentence[1:] + next_char
        generate+= next_char
return generate
```

动手练习 ❶

请在以下代码中<>处填写缺失的信息，测试藏头诗生成：

- 在<1>处填写循环次数，将根据循环次数产生多个备选诗句。
- 在<2>处填入4个字，运行代码将自动生成藏头诗。
- 在<3>处填入0.5~1.5区间的数值，数值越大模型输出的结果的自由度越大。

```
for i in range(<1>):
    #藏头诗
    sen = predict_hide(<2>, temperature = <3>)
    print(sen)
```

生成样例类似于下方文本：

> 人孤吴无见，工辞开灵谁。智下独君幽，能忽水出方。
>
> 人寒悲时阳，工古思恩门。智阳苔晋故，能去名声空。
>
> 人烟相天光，工兴水遥长。智兹里玉树，能津转烟可。

步骤3 给出首节诗句生成完整五言古诗。直接给出诗句的首节作为输入，预测后续三节诗句的内容。

```
def predict_sen(text,temperature =1):
    if len(text)<max_len:
        print('length should not be less than ',max_len)
        return
    sentence = text[-max_len:]
    generate = str(sentence)
    generate += _preds(sentence,length = 24-max_len+1,temperature=temperature)
    return generate
```

动手练习 ❷

请在以下代码中<>处填写缺失的信息，测试诗句生成：

- 在<1>处填写循环次数，将根据循环次数产生多个备选诗句。
- 在<2>处填写首句诗，根据给出的第一句诗句（含逗号）来生成古诗。
- 在<3>处填入0.5~1.5区间的数值，数值越大模型输出的结果的自由度越大。

```
for i in range(<1>):
    #给出第一句诗句进行预测
    sen = predict_sen(<2>, temperature =<3>)
    print(sen))
```

步骤4　给出单个汉字生成五言古诗。由于用于文本生成的字符不足，使用随机抽取诗句的方法补足。

```
def predict_first(char,temperature =1):
    index = random.randint(0, poems_num)
    #选取随机一首诗的最后max_len字符+给出的首个文字作为初始输入
    sentence = poems[index][1-max_len:] + char
    generate = str(char)
    # 直接预测后面23个字符
    generate += _preds(sentence,length=24,temperature=temperature)
    return generate
```

动手练习 ❸

请在以下代码中<>处填写缺失的信息，测试诗句生成：

- 在<1>处填写循环次数，将根据循环次数产生多个备选诗句。
- 在<2>处填写单个汉字，根据给出的第一个字来生成古诗。
- 在<3>处填入0.5~1.5区间的数值，数值越大模型输出的结果的自由度越大。

```
for i in range(<1>):
    #给出第一个字进行预测
    sen = predict_first(<2>, temperature =<3>)
    print(sen)
```

3. 应用部署

步骤1　安装Flask。如果缺少Flask运行环境，请运行下方代码安装环境。

```
!sudo pip install flask –i https://pypi.douban.com/simple
```

该部署代码使用Flask框架实现模型poetry_model.h5在网页端的部署，部署实现使用以下两个文件，可在项目文件夹内查看：

文件说明

- app.py：模型调用文件，代码摘取自notebook，默认调用项目文件夹内poetry_model.h5文件，用于生成藏头五言绝句诗并返回。
- flasktest.py：Flask框架文件，成功运行后将自动生成访问网页地址，默认端口为5000。

步骤2 单击"新建服务"按钮,在功能选择界面单击终端打开终端界面,如图5-3-6所示。

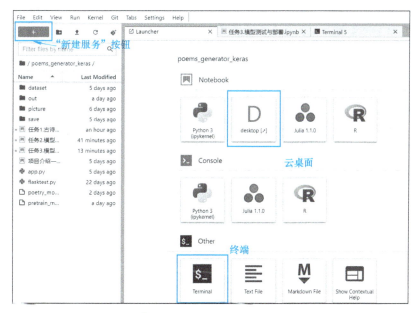

图5-3-6 JupyterLab界面

步骤3 输入以下命令进入本项目根目录。

进入本项目根目录下
cd poems_generator_keras/

步骤4 运行以下命令即可启动网页部署。

启动网页部署
python3 flasktest.py

Flask将自动生成网站访问地址,如图5-3-7方框所示,每次的地址可能不同。

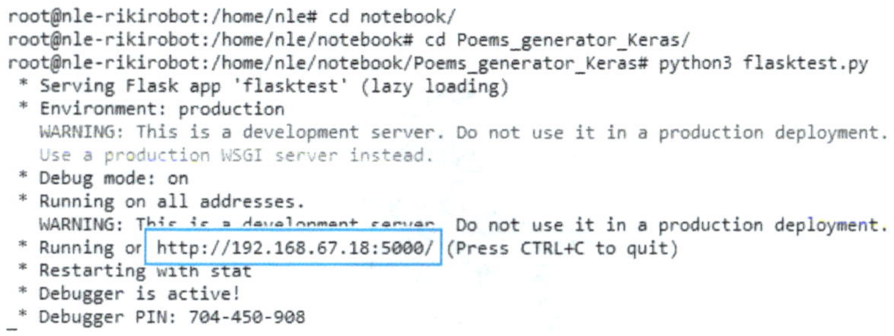

图5-3-7 终端界面

步骤5 同样单击"新建服务"按钮,在功能选择界面单击"云桌面"按钮,进入云桌面,如图5-3-8所示。

步骤6 如图5-3-9所示,打开云桌面内的浏览器。

步骤7 如图5-3-10所示,在云桌面内浏览器输入Flask自动生成的访问地址,即可进入使用界面。

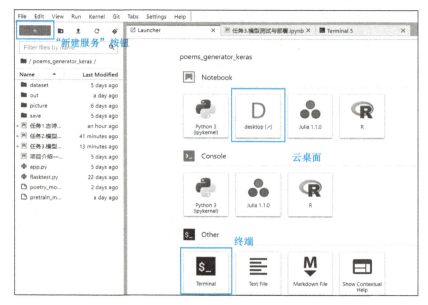

图5-3-8　选择云桌面

图5-3-9　云桌面浏览器

图5-3-10　五言古诗生成界面

任务小结

本任务首先介绍了模型测试基本知识和古诗生成应用界面,并介绍了模型测试和在Flask上的部署。之后通过任务实施,完成了模型测试和部署,使用脚本对不同类型的古诗生成的功能进行测试,同时对脚本参数进行了详细解释。

通过本任务的学习,读者可对基于Flask环境的模型部署过程有更深入的了解,在实践中逐渐熟悉模型测试环境准备过程,正确使用脚本和命令,转换、验证并部署模型。本任务的思维导图如图5-3-11所示。

图5-3-11 思维导图

项目 6

使用VGG19迁移学习实现图像风格迁移

项目导入

深度学习目前在图像处理领域有许多有价值的应用,比如可以使用深度学习的分类方法帮助判断癌症,也可以使用人脸识别技术在茫茫人海里寻找犯罪嫌疑人。本项目将学习图像处理领域里颇具艺术价值的一个分支——图像风格迁移。

在使用深度学习之前,机器视觉的工程师就尝试用各类滤镜提取图像的纹理信息,通过抽取纹理图再经过变换放回到原图片里,就得到了一个新的风格图片。这种方法虽然取得了一定成果,但由于适用范围窄、工作量大而使得早期此类的研究一直进展缓慢。

由于深度学习的发展,利用卷积网络深层结构提取的信息来替代早期人工的各种滤镜,能够高效地以自动化方式完成风格迁移任务,即把一张图片的内容和另一张图片的风格合成为一张新的图片,比如给出一个猫的图片和一个梵高的自画像,就可以生成一只"梵高的猫",如图6-0-1所示。本项目将带领大家动手实现自己的图像风格迁移。

图6-0-1　图像风格迁移

深度学习技术应用

本项目通过3个任务，向读者介绍如何使用VGG19迁移学习实现图像风格迁移。任务1中，先了解图像风格迁移原理，掌握接口调用方法体验风格迁移的实际应用；任务2中，基于VGG19模型构筑自己的迁移学习模型；任务3中，将掌握风格迁移损失计算方法和模型训练方法，实现基于迁移学习的图像风格迁移。

任务1　初识图像风格迁移

知识目标

- 了解图像风格迁移的概念和发展历史。
- 了解风格迁移与图像纹理的相关知识。
- 了解图像风格迁移的常见方法。
- 了解特征提取与迁移学习等内容。

能力目标

- 能够掌握接口调用方法体验风格迁移的实际应用。

素质目标

- 具备开阔、灵活的思维能力。
- 具备积极、主动的探索精神。

任务分析

任务描述：
了解图像风格迁移的相关知识及原理，通过调用接口使用风格迁移生成图片。

任务要求：
- 学习并了解图像风格迁移的发展过程。
- 学习图像风格迁移的原理。
- 掌握云端接口的调用方法。
- 体验风格迁移的实际应用。

任务计划

根据所学相关知识，制订本任务的任务计划表，见表6-1-1。

表6-1-1 任务计划表

项目名称	使用VGG19迁移学习实现图像风格迁移
任务名称	初识图像风格迁移
计划方式	自主设计
计划要求	请用5个计划步骤来完整描述出如何完成本任务
序　号	任 务 计 划
1	
2	
3	
4	
5	

知识储备

1. 图像风格迁移

（1）图像风格迁移的概念

所谓图像风格迁移，即给定内容图片A、风格图片B，能够生成一张具有A图片内容和B图片风格的图片C。

如何实现图片C的生成？其实要实现的东西很清晰，首先需要的就是内容上是相近的，然后风格上是相似的。需要计算融合图片和内容图片的相似度，或者说差异性，然后尽可能降低这个差异性；同时也需要计算融合图片和风格图片在风格上的差异性，然后也降低这个差异性。以此来量化目标。图像风格迁移作品示例如图6-1-1所示。

图6-1-1 图像风格迁移作品示例

在神经网络之前，早期的图像风格迁移的处理方式多是分析某一种风格的图像，给此风格建立一个数学或者统计模型，再改变要做迁移的图像让它能更好地符合建立的模型。但这种方法有一个明显的缺点，即一个程序基本只能做某一种风格或者某一个场景，因此基于传统风格迁移研究的实际应用非常有限。

2015年，Gatys等人在两篇论文中提出了基于神经网络的图像风格迁移，改变了上述的情况。使用神经网络进行风格迁移生成图片效果如图6-1-2所示。

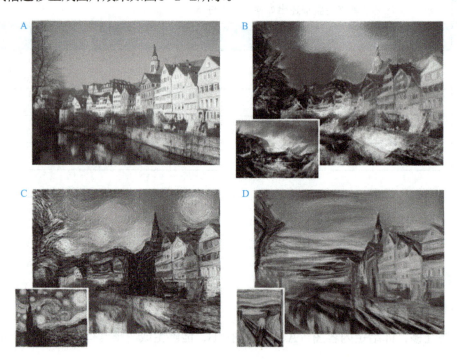

图6-1-2　风格迁移图片效果

（2）图像风格迁移的简史

图像风格迁移的发展史如图6-1-3所示。

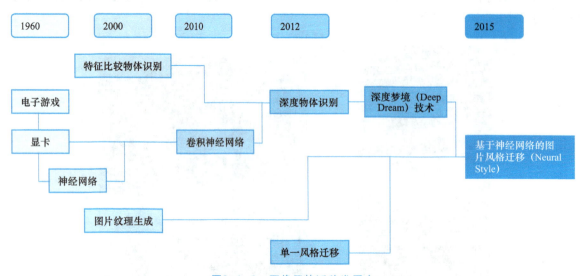

图6-1-3　图像风格迁移发展史

2. 图片风格与纹理

对计算机来讲，要理解图片的风格是什么，需要追溯到2000年及之前的图片纹理生成的研究上。在

2015年前所有的关于图像纹理的论文都是手动建模，其中最重要的一个思想是纹理可以用图像局部特征的统计模型来描述。什么是统计特征？简单举个例子：如图6-1-4所示，可以被称作栗子的纹理，这纹理的特征是栗子都有个开口。如果使用简单的数学模型表示开口的话，可以认为是某个弧度的弧线相交，而统计学上来说就是这种纹理有两条这个弧度的弧线相交的概率比较大，这种可以被称为统计特征。

图6-1-4　栗子纹理

有了这个前提或者思想之后，研究者成功地用复杂的数学模型和公式来归纳和生成了一些纹理，但是手工建模耗时耗力。同时，受限于计算机的能力，早期纹理生成的结果并不理想，如图6-1-5所示。

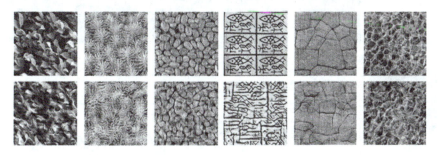

图6-1-5　早期纹理生成结果

3. 特征提取与迁移学习

（1）特征提取

2012—2014年深度学习开始蓬勃发展，人们发现深度学习可以用来训练物体识别的模型。由于出色的识别效果，VGG19成为当时最出名的物体识别网络，结构如图6-1-6所示。

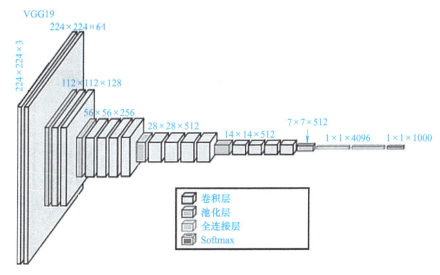

图6-1-6　物体识别网络结构

通过卷积操作，每一层神经网络都会利用上一层的输出来进一步提取更加复杂的特征，直到复杂到能被用来识别物体为止，每一层都可以被看作很多个局部特征的提取器。

（2）迁移学习

为什么这里要用一个已经训练好的CNN模型？一个用分类任务训练好的CNN，通常已经具有了提取大多数图像信息的能力。因为图像传递信息的底层机制是相通的，利用VGG19已经训练好的模型作为特征提取器，风格迁移模型就可以直接利用这些提取的特征。把已训练好的模型（预训练模型）参数迁移到新的模型来帮助新模型训练，这就是迁移学习。更进一步来说，从纹理到图片风格其实只差两步：第一步，Gatys发现纹理能够描述一个图像的风格；第二步，只提取图片内容而不包括图片风格。

风格迁移的过程如图6-1-7所示。一张图片是风格图，一张图片是内容图，各自作为输入，经过VGG19网络，得到各卷积层的特征图。从图中可以看到，层数越浅，记录内容图的特征图越具体，越深则越抽象；从风格图角度来说，浅层的特征图记录着颜色、纹理等信息，而更深的层得到的特征图会记录更多的信息。

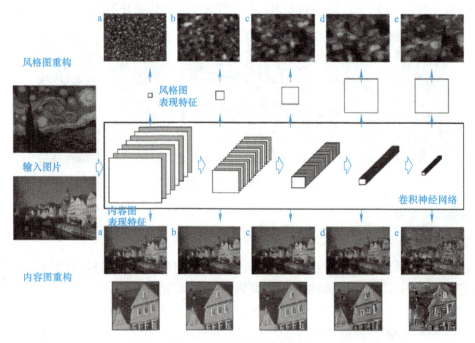

图6-1-7 风格迁移的过程

本项目将基于VGG19模型搭建自己的风格迁移模型，例如使用梵高的名画《星夜》作为风格图片，生成具有《星夜》风格的新图片，如图6-1-8所示。

  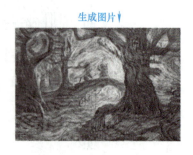

图6-1-8 风格迁移模型生成新图片

知识拓展

扫一扫，了解一下图片风格迁移的常见方法。

任务实施

1. 风格迁移体验案例

步骤1 安装依赖。在JupyterLab中使用感叹号"!"表示执行来自操作系统的命令。安装命令的参数说明如下。

函数说明

- –i是指向下载源，默认是国外源，但由于国外源下载速度慢，因此这里指向国内源，以便于提高下载速度。

```
# 安装依赖
!sudo pip install oss2 aliyun-python-sdk-core alibabacloud_imageenhan20190930 alibabacloud_tea_openapi alibabacloud_tea_console alibabacloud_tea_util -i https://pypi.douban.com/simple
```

步骤2 选择图片。要实现风格迁移首先需要选定哪张图片作为内容图片，哪张图片作为风格图片。

动手练习❶

请填写用于风格迁移的内容图片和风格图片的本地地址：

- 内容图片：请在<1>处填写本地内容图片的地址。
- 风格图片：请在<2>处填写本地风格图片的地址。

```
content_img_local_path = <1>
style_img_local_path = <2>
```

步骤3 图片压缩。由于存储与图片大小限制，上传的图片分辨率需要限定在1200×1200px以下，大小不超过3MB。通过编写compress_image()压缩函数实现对上传图片的压缩。函数将以迭代的方式循环监测目标文件，当目标图片不满足大小和尺寸时根据设置的比例k进行一次调整，循环直到目标文件满足大小与尺寸要求。

函数说明

- compress_image()：用于压缩图片，图片大小超过限定要求时会将图片压缩。
  - outfile：压缩文件保存地址。
  - mb：压缩目标，单位KB。
  - quality：初始压缩比例。
  - k：每次调整的压缩比例。

- Image.open()：PIL图像处理中常见的模块，用于打开图片文件。接图片路径，用来直接读取该路径指向的图片。
  - Image.open(path).size：可读取图片对象的图像尺寸。
- os.path.getsize()：获得文件的大小（字节）。

动手练习 2

- 请在<1>、<2>处根据比例系数k对图片的宽度、高度进行缩放。
- 请在<3>处实现读取当前最新的图片。
- 请在<4>处实现获取当前最新图片的尺寸大小。
- 请在<5>处填写本地内容图片的地址。

```python
def compress_image(outfile, mb=3000, quality=85, k=0.9, xx=1200, yy= 1200):
    im = Image.open(outfile)
    x, y = im.size
    o_size = os.path.getsize(outfile) // 1024
    ImageFile.LOAD_TRUNCATED_IMAGES = True
    while (o_size > mb) or (x > xx) or (y > yy):
        out = im.resize((int(<1>), int(<2>)), Image.ANTIALIAS)
        try:
            out.save(outfile, quality=quality)
        except Exception as e:
            print(e)
            break
        im = <3>
        x, y = <4>
        o_size = <5>
    return outfile
```

调用压缩函数进行压缩，如果压缩后图片分辨率在1200×1200px以下，大小不超过3MB，则说明该步骤运行成功，如图6-1-9所示。

```python
# 压缩内容图片
print('原内容图片大小为：',os.path.getsize(content_img_local_path)//1024,'KB 图片分辨率为：',Image.open(content_img_local_path).size)
compress_image(outfile=content_img_local_path)
print('压缩后内容图片大小为：',os.path.getsize(content_img_local_path)//1024,'KB 图片分辨率为：',Image.open(content_img_local_path).size)
# 压缩风格图片
print('原风格图片大小为：',os.path.getsize(style_img_local_path)//1024,'KB 图片分辨率为：',Image.open(style_img_local_path).size)
compress_image(outfile=style_img_local_path)
print('压缩后风格图片大小为：',os.path.getsize(style_img_local_path)//1024,'KB 图片分辨率为：',Image.open(style_img_local_path).size)
```

```
原内容图片大小为： 197 KB 图片分辨率为： (1093, 611)
压缩后内容图片大小为： 197 KB 图片分辨率为： (1093, 611)
原风格图片大小为： 282 KB 图片分辨率为： (1168, 801)
压缩后风格图片大小为： 282 KB 图片分辨率为： (1168, 801)
```

图6-1-9 压缩图片的分辨率

步骤4 图片上传。将本地图片上传至云端，用于接口调用。

🌐 函数说明

- oss2：云服务相关模块，用来上传以及管理云上文件。
  - oss2.Auth()：用于加载用户密钥。
  - oss2.Bucket()：OSS域名初始化，传入用户密钥、终端地址、Bucket名称，其中put_object_from_file()为云存储服务下的文件上传方法，传入云端存储的相对地址和本地文件地址。
- endpoint：用于存储访问的云服务的终端地址。
- content_url：根据设定的Bucket名称、访问终端地址与文件存放的云端地址，可以确定云端内容图片的URL地址。
- style_url：同上用法，可以确定云端风格图片的URL地址。

⌨ 动手练习❸

- 请在<1>处传入动手练习1中设置的本地风格图片地址。
- 请在<2>处填写云端风格图片的URL，公式为https://+Bucket名称+.+终端地址+/+图片保存的相对路径。

```
import oss2
auth = oss2.Auth('LTAI5t9fQst4BdLvei4rDRLt', 'vH6kNiZDQWIqJDfVxwbE3YCRCVLKMo')
endpoint = 'http://oss-cn-shanghai.aliyuncs.com'  #访问的云服务的终端地址
bucket = oss2.Bucket(auth, endpoint, 'nle-ai')  #传入用户密钥、终端地址、Bucket名称
bucket.put_object_from_file('style/content.jpg', content_img_local_path)  #将本地文件上传至根目录下的'style/content.jpg'位置保存
bucket.put_object_from_file('style/style.jpg', <1>)
content_url = 'https://nle-ai.oss-cn-shanghai.aliyuncs.com/style/content.jpg'
style_url = <2>
```

运行下方代码，通过URL读取云端的风格图片，如果显示图片与上传图片相同，说明图片上传成功，云端图片如图6-1-10所示。

```
import requests
from PIL import Image
from io import BytesIO
import matplotlib.pyplot as plt
response = requests.get(style_url)
image = Image.open(BytesIO(response.content))
plt.imshow(image) # 显示图片
plt.axis('off') # 不显示坐标轴
plt.show()
```

🌐 函数说明

- requests：requests是使用Apache2 licensed许可证的HTTP库，使用requests可以轻松完成浏览器的任何操作。

- 这里使用requests模块访问URL地址。
- Image：Image模块是在Python PIL图像处理中常见的模块，对图像进行基础操作的功能基本都包含于此模块内。
  - open()：可使用open()函数从文件加载图像。
- BytesIO：二进制形式进行内存读写，包括图片、音频、字符串等。
- matplotlib.pyplot：常用的图片展示工具。

图6-1-10　云端图片

2. 生成风格迁移图片

调用接口，读取云端图片生成风格迁移图片并返回包含生成图片URL的报文，解析URL地址即可得到图片，如图6-1-11所示。

函数说明

- sys：该模块提供对解释器使用或维护的一些变量的访问，以及与解释器强烈交互的函数。这里用到的是sys.argv，可以看作一个从程序外部获取参数的桥梁，得到的结果为传递给Python脚本的命令行参数列表。
  - argv[0]：脚本名称（依赖于操作系统，无论是否为完整路径名）。
  - argv[1:]：获取除脚本名以外的其他输入参数。
- typing：类型检查，防止运行时出现参数和返回值类型不符合。
- alibabacloud_imageenhan20190930：用于调用的图像风格迁移SDK。
  - extend_image_style()：可以对输入图像的风格进行转换，使得图像的色彩、笔触等视觉风格发生转化。
- alibabacloud_tea_openapi：用于配置与管理密钥。
- Image.open()：PIL图像处理中常见的模块，用于打开图片文件。接图片路径，用来直接读取该路径指向的图片。
  - Image.open(path).size：可读取图片对象的图像尺寸。
- os.path.getsize()：获得文件的大小（字节）。

```python
# 导入必要的环境
import json
import requests
from PIL import Image
from io import BytesIO
from aliyunsdkcore.client import AcsClient
from aliyunsdkcore.acs_exception.exceptions import ClientException
from aliyunsdkcore.acs_exception.exceptions import ServerException
from aliyunsdkimageenhan.request.v20190930.ExtendImageStyleRequest import ExtendImageStyleRequest
```

动手练习 ❹

请根据提示完成动手练习：

- 请在<1>处传入动手练习3中得到的内容图片URL地址。
- 请在<1>处传入动手练习3中得到的风格图片URL地址。

```python
# 客户端配置
access_key_id = 'LTAI5t9fQst4BdLvei4rDRLt' # 接口访问id
access_key_secret = 'vH6kNiZDQWIqJDfVxwbE3YCRCVLKMo' # 接口访问密钥secret
client = AcsClient(access_key_id, access_key_secret, 'cn-shanghai') # 实例化客户端

# 请求参数设置
request = ExtendImageStyleRequest() # 实例化图像风格迁移功能
request.set_accept_format('json')
# 图像路径设置
request.set_MajorUrl(<1>) # 传入内容图片的云端地址
request.set_StyleUrl(<2>) # 传入风格图片的云端地址

# 获取返回值
response = client.do_action_with_exception(request)

# 图片下载与显示
image_url = json.loads(response)['Data']['Url'] # 解析图片地址
image = requests.get(image_url) # 下载图片内容
Image.open(BytesIO(image.content)) # 显示生成的图片
```

图6-1-11 风格迁移图片

任务小结

本任务首先介绍了图像风格迁移发展历史,又介绍了图像风格迁移原理及方法、特征提取与迁移学习的相关知识。之后通过任务实施,完成了图像风格迁移案例的练习。

通过本任务的学习,读者可对图像风格迁移的基本知识和概念有更深入的了解,在实践中逐渐熟悉图像风格迁移的实现方法。本任务的思维导图如图6-1-12所示。

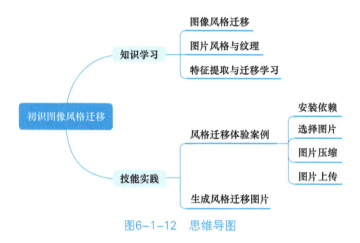

图6-1-12 思维导图

任务2　基于VGG19构建迁移学习模型

知识目标

- 了解VGG19的结构、原理、优缺点等基本知识。
- 了解VGG19实现迁移学习的模型构建思路。
- 熟悉常见的图像噪声及来源、解决方法。

能力目标

- 能够掌握风格迁移模型构建方法。

素质目标

- 具备开阔、灵活的思维能力;
- 具备积极、主动的探索精神。

任务分析

任务描述:

学习使用VGG19模型,基于VGG19模型构建迁移学习模型。

任务要求：

- 学习并了解了迁移学习的原理。
- 学习并使用迁移学习方法改造VGG19模型。
- 掌握基于VGG19模型构建风格迁移模型的方法。
- 实现风格迁移模型输入所需要的噪声图片构建。

任务计划

根据所学相关知识，制订本任务的任务计划表，见表6-2-1。

表6-2-1 任务计划表

项目名称	使用VGG19迁移学习实现图像风格迁移
任务名称	基于VGG19构建迁移学习模型
计划方式	自主设计
计划要求	请用5个计划步骤来完整描述出如何完成本任务
序　号	任　务　计　划
1	
2	
3	
4	
5	

知识储备

1. VGG19基础知识

（1）结构与原理

VGG是Oxford的Visual Geometry Group提出的，该系列模型的命名直接采用了该组织的缩写。该网络证明了增加网络的深度能够在一定程度上影响网络最终的性能。VGG有两种常用的结构，分别是VGG16和VGG19，两者并没有本质上的区别，只是网络深度不一样。以VGG19举例，VGG19包含了19个隐藏层（16个卷积层和3个全连接层），如图6-2-1所示。

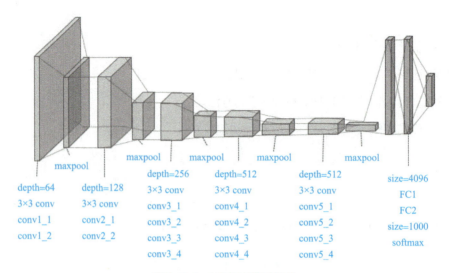

图6-2-1　VGG19模型结构

在图6-2-1中：

- conv表示卷积层；
- FC表示全连接层；
- depth表示深度；
- 3×3 conv表示卷积层使用3×3的卷积核；
- maxpool表示最大池化；
- softmax用于将多分类的输出数值转化为相对概率。

性能提升的原理：相较于AlexNet，VGG19的改进在于3×3的卷积核代替AlexNet中的较大卷积核（11×11，7×7，5×5）。对于给定的感受野（与输出有关的输入图片的局部大小），采用堆积的小卷积核优于采用大的卷积核，因为多层非线性层可以增加网络深度来保证学习更复杂的模式，代价还比较小（参数更少）。

简单来说，在VGG中，使用了3个3×3卷积核来代替7×7卷积核，使用了2个3×3卷积核来代替5×5卷积核，这样做的主要目的是在保证具有相同感知野的条件下，提升了网络的深度，在一定程度上提升了神经网络的效果。

例如，3个步长为1的3×3卷积核的一层层叠加作用可看成一个大小为7的感受野（其实就表示3个3×3连续卷积相当于一个7×7卷积），其参数总量为3×(9×C2)，如果直接使用7×7卷积核，其参数总量为 49×C2，这里C指的是输入和输出的通道数。很明显，27×C2小于49×C2，即减少了参数；而且3×3卷积核有利于更好地保持图像性质。

（2）优点与缺点

VGG模型优点：结构简洁，整个网络都使用了同样大小的卷积核尺寸（3×3）和最大池化尺寸（2×2）；几个小滤波器（3×3）卷积层的组合比一个大滤波器（5×5或7×7）卷积层好；验证了通过不断加深网络结构可以提升性能。

VGG模型缺点：3个全连接层使用更多参数，导致耗费更多计算资源与内存占用。

2. 利用VGG19实现迁移学习的模型构建思路

VGG19通过卷积操作，每一层神经网络都会利用上一层的输出进一步提取更加复杂的特征，直到能被用来识别物体为止，每一层都可以被看作很多个局部特征的提取器。

由于图像传递信息的底层机制是相通的，已经训练好的VGG19显然具备了图像信息提取的能力。利用VGG19已经训练好的模型作为特征提取器，风格迁移模型的构建只需要稍微做一些修改。

1）要从预训练的模型中获取卷积层部分的参数，用于构建模型。这里提取出来的VGG参数全部作为常量使用，这些参数不会再被训练，在反向传播的过程中也不会改变。

2）将VGG19中的全连接层舍弃掉，这一部分对提取图像特征用处很小。因为特征提取的能力集中在卷积层参数中，而全连接层负责的是进行分类工作，与风格迁移任务无关。

3）在提取模型的基础上构建模型输入层，即最开始输入一张基于内容图片上增加白噪声的图片，然后不断地根据噪声图片与内容的差异（损失）和与风格的差异（损失）对其进行调整，降低两者差异，一定次数后，该图片兼具风格图片的风格以及内容图片的内容。

3. 图像噪声

图像噪声是指存在于图像数据中的不必要的或多余的干扰信息。噪声的存在严重影响图像的质量，因此在图像增强处理和分类处理之前，必须进行纠正。图像中各种妨碍人们对信息接收的因素即可称为图像噪声。如果把图像看作信号，那么噪声就是干扰信号。

（1）噪声来源

图像获取过程中有两种常用类型的图像传感器CCD和CMOS，采集图像过程中，由于受传感器材料属性、工作环境、电子元器件和电路结构等影响，会引入各种噪声，如电阻引起的热噪声、场效应管的沟道热噪声、光子噪声、暗电流噪声、光响应非均匀性噪声。

图像信号传输过程中，由于传输介质和记录设备等的不完善，数字图像在其传输记录过程中往往会受到多种噪声的污染。另外，在图像处理的某些环节，当输入的对象并不如预想的那样时，也会在结果图像中引入噪声。

（2）椒盐噪声

采集图像时，图像信号传播中可能因为各种各样的干扰而引入噪声。常见的图像噪声有：椒盐噪声、高斯噪声、均匀分布噪声、周期噪声、指数分布噪声、脉冲噪声等。为什么叫椒盐噪声？像素点由于噪声影响随机变成了黑点或白点。而生活中，胡椒是黑色的，盐是白色的，因此取了这个形象的名字。

要给图像添加椒盐噪声，就要把图像像素点的强度值改为黑点或者白点，黑点的强度值是0，白点的强度值是255。原始图像的强度值区间是[0，255]，那么噪声函数中相应点是255或者是-255，加起来就可以达到是0或255的效果。需要注意，椒盐噪声是随机改变图像中像素点的值为黑点或白点，并不是对每个像素点都进行操作。示例原图如图6-2-2所示，图像添加椒盐噪声如图6-2-3所示。

图6-2-2　图像原图　　　　　　　图6-2-3　添加椒盐噪声

（3）高斯噪声

高斯噪声是指噪声分布的概率密度函数服从高斯分布（正态分布）的一类噪声。如果一个噪声，它的幅度分布服从高斯分布，而它的功率谱密度又是均匀分布的，则称它为高斯白噪声。高斯白噪声又包括热噪声和散粒噪声。在通信信道测试和建模中，高斯噪声被用作加性白噪声以产生加性白高斯噪声。

其产生的主要原因是相机在拍摄时视场较暗且亮度不均匀，此外，相机长时间工作使得温度过高也会引起高斯噪声，电路元器件自身噪声和互相影响也是造成高斯噪声的重要原因之一。区别于椒盐噪声随机出现在图像中的任意位置，高斯噪声出现在图像中的所有位置，如图6-2-4所示。

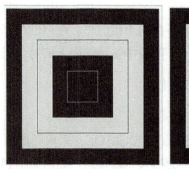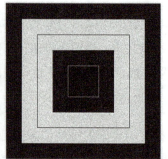

图6-2-4　原图和高斯噪声图像

任务实施

1. 安装与导入依赖库

步骤1　安装TensorFlow和tqdm。

```
# 安装TensorFlow
!python3 -m pip install tensorflow-cpu==2.1.0 tqdm==4.54.1 -i https://pypi.douban.com/simple
```

步骤2　导入依赖库。

```
import os
import tensorflow as tf
import numpy as np
from tqdm import tqdm
import matplotlib.pyplot as plt
import matplotlib.image as mpimg
import typing
```

函数说明

- os：对文件、文件夹或者其他的进行一系列的操作。
- tensorflow：一个基于数据流编程的符号数学系统，被广泛应用于各类机器学习算法的编程实现，其前身是谷歌的神经网络算法库DistBelief。
- numpy：Python语言的一个扩展程序库，支持大量的维度数组与矩阵运算，此外也针对数组运算提供大量的数学函数库。
- tqdm：显示进度条工具，可以在Python长循环中添加一个进度提示信息，用户只需要封装任意的迭代器 tqdm(iterator)。
- matplotlib.pyplot：是Python中最常用的可视化工具之一，可以非常方便地创建2D图表和一些基本的3D图表，常用于显示图片。
- matplotlib.image：用于读取图片。
- typing：Python标准库，用于提供类型提示支持，作用为：
  - 类型检查，防止运行时出现参数和返回值类型不符合。
  - 作为开发文档附加说明，方便使用者调用时传入和返回参数类型。
  - 加入后并不会影响程序运行，不会报正式的错误，只有提醒。

步骤3 设置超参数。设置超参数的目的是便于对模型训练中的可变功能进行管理。超参数使用大写英文参数表示，以便于与一般参数进行区分。

动手练习❶

请填写基础超参数：

- CONTENT_IMAGE_PATH：内容图片路径，请在<1>填写被转换图片的地址。
- STYLE_IMAGE_PATH：风格图片路径，请在<2>填写用于提取风格的图片的地址。
- OUTPUT_DIR：生成图片的保存目录，请在<3>填写结果存放的地址。
- WIDTH：图片特征矩阵的宽度，固定设置为450。
- HEIGHT：图片特征矩阵的高度，固定设置为300。
- CONTENT_LAYERS：此参数用于保存自定义的内容特征层及loss加权系数，默认使用['conv4_2','conv5_2']表示内容特征。
- STYLE_LAYERS：此参数用于保存自定义的风格特征层及loss加权系数，默认使用['conv1_1','conv2_1','conv3_1','conv4_1']表示风格特征。

```
# 内容图片路径
CONTENT_IMAGE_PATH = <1>
# 风格图片路径
STYLE_IMAGE_PATH = <2>
# 生成图片的保存目录
OUTPUT_DIR = <3>
# 图片宽度
WIDTH = 450
# 图片高度
HEIGHT = 300
```

```
# 内容特征层及loss加权系数
CONTENT_LAYERS = {'block4_conv2': 0.5, 'block5_conv2': 0.5}
# 风格特征层及loss加权系数
STYLE_LAYERS = {'block1_conv1': 0.2, 'block2_conv1': 0.2, 'block3_conv1': 0.2, 'block4_conv1': 0.2,'block5_conv1': 0.2}
```

2. 模型构建

步骤1 获取与处理VGG19模型。该get_vgg19_model函数通过传入层名称来提取所需要的层。目的在于获取VGG19的卷积层，舍弃全连接层。

函数说明

- tf.keras.applications(include_top,weights)模块提供了带有预训练权值的深度学习模型，这些模型可以用来进行预测、特征提取和微调（fine-tuning）。这里直接使用 tf.keras.applications 模块加载预训练的VGG19网络。
  - include_top：是否包括顶层的全连接层。
  - weights：None代表随机初始化，imagenet代表加载在ImageNet上预训练的权值。

- tf.keras.Model()：模型实例化方法，共两种。这里先使用tf.keras.Model()传入输入层（input），输出层（output）来实例化，即tf.keras.Model(inputs=inputs, outputs=outputs)。后面会介绍另一种实例化方法。

- model.trainable：用于控制权重是否被训练，设置为False即冻结所有权重。

动手练习❷

- tf.keras.applications模块：
  - include_top：获取的VGG19模型不需要包括顶层的全连接层，请在<1>将该参数设置为False，表示加载时不包含顶层的全连接层。
  - weights：直接使用VGG19训练好的权重参数，在<2>处加载在ImageNet上预训练的权值。
- model.trainable：提取的VGG19模型参数不需要再次训练，请在<3>设置将所有权重冻结。

```
def get_vgg19_model(layers):
    # 创建并初始化VGG19模型
    # 加载imagenet上预训练的VGG19
    vgg = tf.keras.applications.VGG19(include_top=<1>, weights='<2>')
    # 提取需要被用到的VGG的层的outputs
    outputs = [vgg.get_layer(layer).output for layer in layers]
    # 使用outputs创建新的模型，锁死参数，不进行训练
    model = tf.keras.Model([vgg.input, ], outputs)
    model.trainable = <3>
    return model
```

步骤2 构建风格迁移模型。

```
class NeuralStyleTransferModel(tf.keras.Model):
    def __init__(self, content_layers: typing.Dict[str, float] = CONTENT_LAYERS,style_layers: typing.Dict[str, float] = STYLE_LAYERS):
        super(NeuralStyleTransferModel, self).__init__()
```

```
            # 内容特征层
            self.content_layers = content_layers
            # 风格特征层
            self.style_layers = style_layers
            # 提取需要用到的所有vgg层
            layers = list(self.content_layers.keys()) + list(self.style_layers.keys())
            # 创建layer_name到outputs索引的映射
            self.outputs_index_map = dict(zip(layers, range(len(layers))))
            # 创建并初始化vgg网络
            self.vgg = get_vgg19_model(layers)

        def call(self, inputs, training=None, mask=None):
            # 前向传播
            outputs = self.vgg(inputs)
            # 分离内容特征层和风格特征层的输出,方便后续计算 typing.List[outputs,加权系数]
            content_outputs = []
            for layer, factor in self.content_layers.items():
                content_outputs.append((outputs[self.outputs_index_map[layer]][0], factor))
            style_outputs = []
            for layer, factor in self.style_layers.items():
                style_outputs.append((outputs[self.outputs_index_map[layer]][0], factor))
            # 以字典的形式返回输出
            return {'content': content_outputs, 'style': style_outputs}
```

函数说明

- tf.keras.Model：展示了模型的另一种实例化方法——通过继承Model类。
  - 这种实例化方法需要在__init__函数里进行层的定义。
  - 定义输入层：此部分通过加载超参数中定义的内容特征层和风格特征层作为输入层。格式为{层名:加权系数}的字典形式，本任务已默认设置好，之后可自行修改尝试其他层结构。
  - 定义输出层：此部分基于去除全连接层的VGG19网络。通过调用动手练习2中完成的VGG19模型创建并初始化VGG网络。
  - 需要在call函数里实现模型的前向传播。
  - 此部分实现将内容特征层和风格特征层的输出分离，用于后续损失计算，损失计算将在任务3详细介绍。
- CONTENT_LAYERS：内容特征层及loss加权系数，已默认在超参数部分定义，后期可根据需要增加、减少层数或调整加权系数。
- STYLE_LAYERS：风格特征层及loss加权系数，已默认在超参数部分定义，后期可根据需要增加、减少层数或调整加权系数。

3. 图片处理与保存

步骤1 图片归一化。通过一系列变换,将待处理的原始图像转换成相应的唯一标准形式。对于深度学习,归一化主要是为了加快训练网络的收敛性,避免数据尺度差异造成的负面影响。

当不进行数据归一化处理，反向传播时尺度大的特征值计算得到的梯度也比较大，尺度小的特征值则相对较小，但梯度更新时的学习率是一样的，如果学习率小，梯度小的就更新慢；如果学习率大，梯度大的方向不稳定，不易收敛。通常需要使用最小的学习率迁就大尺度的维度才能保证损失函数有效下降。通过归一化，把不同维度的特征值范围调整到相近的范围内，就能统一使用较大的学习率加速学习。

由于图片像素值的范围都在0～255，最简单的图片数据的归一化方法可以将像素值简单地除以255。这里归一化使用的是Z-score标准化方法。这种方法基于原始数据的均值（mean）和标准差（standard deviation）进行数据的标准化。即将每个像素值减去均值的结果除以标准差，经过处理的数据符合标准正态分布。

- image_mean：为ImageNet数据集计算得到的均值，系数已直接给出。
- image_std：为ImageNet数据集计算得到的标准差，系数已直接给出。
- 由于归一化使用的均值与标准差是基于已经将像素值映射到[0, 1]区间得到的计算结果，因此在使用Z-score标准化方法前，首先需要将像素值映射到[0, 1]区间。

动手练习❸

请根据提示完成图片归一化处理：

- 请根据Z-score标准化方法公式（(像素值–均值)/标准差）在<1>处填写代码实现图片归一化。

```
image_mean = tf.constant([0.485, 0.456, 0.406]) #均值
image_std = tf.constant([0.299, 0.224, 0.225]) #标准差

def normalization(x):
    # 对输入图片x进行归一化，返回归一化的值
    x = x / 255.
    return <1>
```

步骤2 图片加载与处理。加载并处理图片函数：包含图片加载、图片解码、修改图片大小、归一化（调用normalization函数）等操作。

```
def load_images(image_path, width=WIDTH, height=HEIGHT):
    x = tf.io.read_file(image_path)
    # 解码图片
    x = tf.image.decode_jpeg(x, channels=3)
    # 修改图片大小
    x = tf.image.resize(x, [height, width])
    # 归一化
    x = normalization(x)
    x = tf.reshape(x, [1, height, width, 3])
    # 返回结果
    return x
```

函数说明

- image_path：记录读取图片的路径。
- width：为修改图片的宽度。
- height：为修改图片的高度。

步骤3 保存图片结果。

生成用于保存图片的文件夹，该文件夹生成位置将依据超参数OUTPUT_DIR设定的路径。定义保存图片结果函数，将被归一化后的图片还原并保存到指定路径。

```
# 创建保存生成图片的文件夹
if not os.path.exists(OUTPUT_DIR):
    os.mkdir(OUTPUT_DIR)
def save_image(image, filename):
    x = tf.reshape(image, image.shape[1:])
    x = x * image_std + image_mean
    x = x * 255.
    x = tf.cast(x, tf.int32)
    x = tf.clip_by_value(x, 0, 255)
    x = tf.cast(x, tf.uint8)
    x = tf.image.encode_jpeg(x)
    tf.io.write_file(filename, x)
```

函数说明

- image：该变量传入被归一化后的图片。

- filename：该变量传入还原后图片保存的路径。

- tf.cast()：该函数的作用是执行TensorFlow中张量数据类型转换，比如读入的图片如果是int8类型的，一般要在训练前把图像的数据格式转换为float32。这里是将张量转换为int类型。

- tf.clip_by_value()：该函数的功能是可以将一个张量中的数值限制在一个范围之内以避免一些运算错误。传入参数分别为待限制张量、限制范围最低值、限制范围最高值。这里将还原后的值限定在0到255之间，符合像素点取值范围。

- tf.image.encode_jpeg()：该函数的功能是对图像进行JPEG编码。

- tf.io.write_file()：传入地址与变量实现便捷的文件存储。

4. 构建噪声图片

步骤1 加载图片。调用先前定义好的图片加载函数，分别传入超参数中定义的内容图片和风格图片的地址，生成归一化后的标准化数据。

```
# 加载内容图片
content_image = load_images(CONTENT_IMAGE_PATH)
# 加载风格图片
style_image = load_images(STYLE_IMAGE_PATH)
```

步骤2 生成噪声图片。

函数说明

- tf.Variable(initializer)：变量构造函数，用于创建一个对象类型tensor的变量。
    - initializer：初始化参数，决定了创建的变量初始值和形状。

- np.random.uniform(low,high,size)：在一个均匀分布[low,high)中随机采样，注意定义域是左闭右开，即包含low，不包含high。通过该函数实现噪声的生成。

- low：采样区间的下限，float类型，默认值为0。
- high：采样区间的上限，float类型，默认值为1。
- size：输出样本数目，为int或元组(tuple)类型，例如，size=(m,n,k)，则输出mnk个样本，默认为输出1个值。

动手练习❹

- 请在<1>处传入内容图片，<2>处设置采样区间下限，在<3>处设置采样区间上限。传入的内容图片已经过归一化处理，原则上噪声的取值区间不需要太大，在正负0.2之间即可。
- 输出样本数目：输出样本数目取决于图片特征矩阵，形状为(1, HEIGHT, WIDTH, 3)，请在<4>、<5>处填上特征矩阵的高度、宽度。
- 保存并查看噪声图片：使用save_image()函数在output文件夹保存噪声图片，命名为noise.jpg，请在<6>，<7>处填入噪声图片与保存地址。

```
noise_image = tf.Variable((<1> + np.random.uniform(<2>, <3>, (1, <4>, <5>, 3))) / 2)
save_image(<6>, <7>) #保存噪声图片
```

运行下方代码，如果能生成噪声图片，如图6-2-5所示，说明动手练习4成功完成。

```
# 基于内容图片随机生成一张噪声图片
noise_image = tf.Variable((content_image + np.random.uniform(–0.2, 0.2, (1, HEIGHT, WIDTH, 3))) / 2)
save_image(noise_image, './output/noise.jpg')
img = mpimg.imread('./output/noise.jpg')
plt.imshow(img) # 显示图片
plt.axis('off') # 不显示坐标轴
plt.show()
```

图6-2-5 噪声图片生成

任务小结

　　本任务首先介绍了VGG19的基础知识，包括结构与原理、优点与缺点，以及噪声的来源、常见噪声的简介。接着介绍了利用VGG19实现迁移学习的模型构建思路。之后通过任务实施，完成了模型构建、图片处理与保存、构建噪声图片。通过本任务的学习，读者可基于VGG19构建迁移学习模型。本任务的思维导图如图6-2-6所示。

图6-2-6 思维导图

任务3　训练模型实现图像风格迁移

知识目标

- 了解格拉姆矩阵及风格迁移的应用。
- 了解模型训练的思路。
- 熟悉常见的图像噪声及其来源、解决方法。

能力目标

- 能够掌握风格迁移损失计算方法。
- 能够掌握风格迁移模型训练方法。
- 能够实现基于迁移学习的图像风格迁移。

素质目标

- 具备开阔、灵活的思维能力。
- 具备积极、主动的探索精神。

任务分析

任务描述：

本任务将综合任务2的实验结果，基于构建好的迁移学习模型设置合理的损失计算方法并进行模型训练，掌握并实现图像风格迁移。

任务要求：

- 学习并了解图像风格迁移模型训练过程中各损失的计算方式。
- 掌握图像风格迁移模型的训练方法。
- 成功使用基于VGG19构建的图像风格迁移模型生成自己的风格图片。

任务计划

根据所学相关知识，制订本任务的任务计划表，见表6-3-1。

表6-3-1 任务计划表

项目名称	使用VGG19迁移学习实现图像风格迁移
任务名称	训练模型实现图像风格迁移
计划方式	自主设计
计划要求	请用5个计划步骤来完整描述出如何完成本任务
序　号	任　务　计　划
1	
2	
3	
4	
5	

知识储备

1. 格拉姆矩阵

（1）向量的内积

向量的内积也叫向量的点乘，对两个向量执行内积运算，就是对这两个向量对应位一一相乘之后求和的操作，内积的结果是一个标量。公式如下：

$$a=[a_1, a_2, a_3, \ldots, a_n]$$

$$b=[b_1, b_2, b_3, \ldots, b_n]$$

$$a \cdot b = a_1b_1 + a_2b_2 + a_3b_3 + \ldots, a_nb_n$$

内积判断向量a和b之间的夹角和方向关系：$a \cdot b>0$，方向基本相同，夹角在0°到90°之间；$a \cdot b=0$，正交，相互垂直；$a \cdot b<0$，方向基本相反，夹角在90°到180°之间。

（2）格拉姆矩阵介绍

n维欧式空间中任意k个向量之间两两的内积所组成的矩阵，称为这k个向量的格拉姆矩阵（Gram matrix），用于反映出该组向量中各向量之间的关系。如图6-3-1所示，Gram矩阵是两两向量的内积组成，所以可以反映出该组向量中各个向量之间的某种关系。

图6-3-1　格拉姆矩阵

输入图像的feature map为[ch, h, w]。经过flatten（即将h×w平铺成一维向量）和矩阵转置操作，可以变形为[ch, h×w]和[h×w, ch]的矩阵。再对两个矩阵作内积得到格兰姆矩阵。如图6-3-2所示，长条表示每个通道flatten后特征点，最后得到[ch×ch]的G矩阵。格拉姆计算的实际上是两两特征之间的相关性，可以反映哪两个特征是同时出现的、哪两个是此消彼长的等。

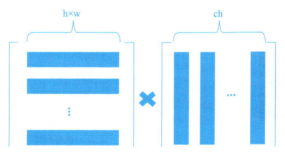

图6-3-2　格拉姆矩阵原理示意图

（3）格拉姆矩阵应用——风格迁移

深度学习中经典的风格迁移大体流程是：

1）准备基准图像和风格图像。

2）使用深层网络分别提取基准图像（加白噪声）和风格图像的特征向量（特征图）。

3）分别计算两个图像的特征向量的Gram矩阵，以两个图像的Gram矩阵的差异最小化为优化目标，不断调整基准图像，使风格不断接近目标风格图像。

这里比较关键的是在网络中提取的特征图，一般来说浅层网络提取的是局部的细节纹理特征，深层网络提取的是更抽象的轮廓、大小等信息。这些特征总的结合起来表现出来的感觉就是图像的风格，由这些特征向量计算出来的Gram矩阵，就可以把图像特征之间隐藏的联系提取出来，也就是各个特征之间的相关性高低。如果两个图像的特征向量的Gram矩阵的差异较小，就可以认定这两个图像的风格是相近的。

2. 模型训练思路

（1）内容特征和风格特征表示

使用VGG中的一些层的输出来表示图片的内容特征和风格特征。比如，使用['conv4_2', 'conv5_2']表示内容特征，使用['conv1_1', 'conv2_1', 'conv3_1', 'conv4_1']表示风格特征。

（2）将内容图片输入网络

计算内容图片在网络指定层（比如['conv4_2', 'conv5_2']）上的输出值。

（3）计算内容损失

可以这样定义内容损失：内容图片在指定层上提取出的特征矩阵，与噪声图片在对应层上的特征矩阵的差值的L2范数。即求两两之间的像素差值的平方。

（4）将风格图片输入网络

计算风格图片在网络指定层（比如['conv1_1', 'conv2_1', 'conv3_1', 'conv4_1']）上的输出值。

（5）计算风格损失

使用风格图像在指定层上的特征矩阵的格拉姆矩阵来衡量其风格，风格损失可以定义为风格图像和噪声图像特征矩阵的格拉姆矩阵的差值的L2范数。

（6）计算总损失

最终用于训练的损失函数为内容损失和风格损失的加权和，如图6-3-3所示。

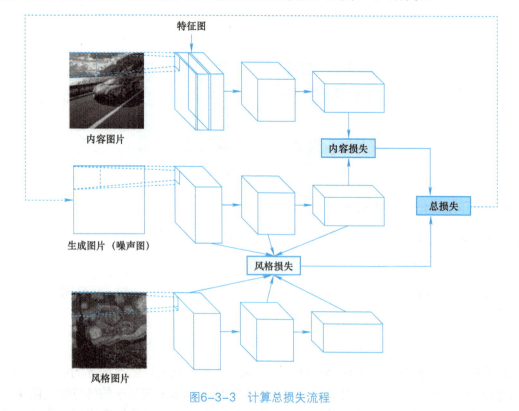

图6-3-3 计算总损失流程

（7）训练过程

1）当训练开始时，首先根据内容图片和噪声，生成一张噪声图片。

2）将噪声图片输入网络计算loss，再根据loss调整噪声图片。

3）将调整后的图片再次输入网络，重复之前的操作直到达到设定的迭代次数，此时，噪声图片已兼具内容图片的内容和风格图片的风格，进行保存即可，如图6-3-4所示。

图6-3-4　输出训练过程

任务实施

1. 依赖库的安装与导入

步骤1　安装TensorFlow和tqdm。

```
# 安装TensorFlow
!python3 -m pip install tensorflow-cpu==2.1.0 tqdm==4.54.1 -i https://pypi.douban.com/simple
```

步骤2　导入依赖库。

```
import os
import tensorflow as tf
import numpy as np
from tqdm import tqdm
import matplotlib.pyplot as plt
import matplotlib.image as mpimg
import typing
```

函数说明

- os：对文件、文件夹或者其他的进行一系列的操作。

- tensorflow：一个基于数据流编程的符号数学系统，被广泛应用于各类机器学习算法的编程实现，其前身是谷歌的神经网络算法库DistBelief。

- numpy：支持大量的维度数组与矩阵运算，也对数组运算提供数学函数库。

- tqdm：显示进度条工具，用户只需要封装任意的迭代器tqdm(iterator)。

- matplotlib.pyplot：绘图库，是Python中最常用的可视化工具之一，可以非常方便地创建2D图表和一些基本的3D图表，常用于显示图片。
- matplotlib.image：用于读取图片。
- typing：Python标准库，用于提供类型提示支持，作用为：
  ○ 类型检查，防止运行时出现参数和返回值类型不符合；
  ○ 作为开发文档附加说明，方便使用者调用时传入和返回参数类型；
  ○ 加入后并不会影响程序的运行，不会报正式的错误，只有提醒。

步骤3 超参数设置。设置超参数的目的是为了便于对模型训练中的可变功能进行管理。超参数使用大写英文参数表示，以便与一般参数进行区分。

动手练习❶

- CONTENT_IMAGE_PATH：内容图片路径；STYLE_IMAGE_PATH：风格图片路径；OUTPUT_DIR：生成图片的保存目录。
- EPOCHS：训练epoch数，请在<1>处填写希望训练的迭代次数，每次迭代结束后会自动保存并打印当前阶段风格迁移的结果图片。
- STEPS_PER_EPOCH：每个epoch训练多少次，请在<2>处填写每次迭代希望训练的次数，次数越大风格化越明显，但有更多时间消耗。
- LEARNING_RATE：学习率，请在<3>处填写学习率，即每次梯度下降后的改善幅度，较大的学习率有利于快速风格化，但不利于细节调整。

可优先尝试设置3次迭代，每次迭代训练5次，并设置0.1的学习率。因为为了减少训练花费的时间，快速降低loss，在只训练3个epoch的条件下选择了比较大的学习率。

风格迁移的主要目的不是要求loss足够低，而是为了获得满意的生成图片。

如果想要把loss降到足够低，可以在增大训练epoch数的同时，选择较小的学习率，或者使用学习率衰减，可根据实际效果进行综合调整。

- WIDTH：图片特征矩阵的宽度，固定设置为450。HEIGHT：图片特征矩阵的高度为300。
- CONTENT_LOSS_FACTOR：内容loss总加权系数。加权系数将会影响训练结果是更偏向于内容图片还是更偏向于风格图片。
- STYLE_LOSS_FACTOR：风格loss总加权系数。通常风格损失的加权系数大于内容损失的加权系数，使得训练结果将会不断偏向于风格图片。
- CONTENT_LAYERS：此参数用于保存自定义的内容特征层及loss加权系数，默认使用['conv4_2','conv5_2']表示内容特征。
- STYLE_LAYERS：此参数用于保存自定义的风格特征层及loss加权系数，默认使用['conv1_1','conv2_1','conv3_1','conv4_1']表示风格特征。

```
CONTENT_IMAGE_PATH = './images/content.jpg'
STYLE_IMAGE_PATH = './images/style.jpg'
OUTPUT_DIR = './output'
EPOCHS = <1>  # 训练epoch数
STEPS_PER_EPOCH = <2>  # 每个epoch训练多少次
LEARNING_RATE = <3>  # 学习率
```

```
WIDTH = 450
HEIGHT = 300
CONTENT_LOSS_FACTOR = 1  # 内容loss总加权系数
STYLE_LOSS_FACTOR = 100  # 风格loss总加权系数
# 内容特征层及loss加权系数
CONTENT_LAYERS = {'block4_conv2': 0.5, 'block5_conv2': 0.5}
# 风格特征层及loss加权系数
STYLE_LAYERS = {'block1_conv1': 0.2, 'block2_conv1': 0.2, 'block3_conv1': 0.2, 'block4_conv1': 0.2, 'block5_conv1': 0.2}
```

2. 模型构建

步骤1 获取与处理VGG19模型。该get_vgg19_model函数通过传入层名称来提取所需要的层。目的在于获取VGG19的卷积层，舍弃全连接层。

```
def get_vgg19_model(layers):
    # 创建并初始化vgg19模型
    # 加载imagenet上预训练的vgg19
    vgg = tf.keras.applications.VGG19(include_top=False, weights='imagenet')
    # 提取需要被用到的vgg的层的outputs
    outputs = [vgg.get_layer(layer).output for layer in layers]
    # 使用outputs创建新的模型
    model = tf.keras.Model([vgg.input, ], outputs)
    # 锁死参数，不进行训练
    model.trainable = False
    return model
```

函数说明

- tf.keras.applications(include_top,weights) 模块提供了带有预训练权值的深度学习模型，这些模型可以用来进行预测、特征提取和微调（fine-tuning）。这里直接使用tf.keras.applications模块加载预训练的VGG19网络。相关参数有：
  - include_top：是否包括顶层的全连接层。
  - weights：None代表随机初始化，imagenet代表加载在ImageNet上预训练的权值。
- tf.keras.Model()：模型实例化方法，共两种。这里先使用tf.keras.Model()传入输入层（input），输出层（output）来实例化，即tf.keras.Model(inputs=inputs, outputs=outputs)。
- model.trainable：用于控制权重是否被训练，设置为False即冻结所有权重。

步骤2 构建风格迁移模型。

```
class NeuralStyleTransferModel(tf.keras.Model):
    def __init__(self, content_layers: typing.Dict[str, float] = CONTENT_LAYERS, style_layers: typing.Dict[str, float] = STYLE_LAYERS):
        super(NeuralStyleTransferModel, self).__init__()
        # 内容特征层
        self.content_layers = content_layers
        # 风格特征层
        self.style_layers = style_layers
        # 提取需要用到的所有VGG层
```

```
            layers = list(self.content_layers.keys()) + list(self.style_layers.keys())
            # 创建layer_name到output索引的映射
            self.outputs_index_map = dict(zip(layers, range(len(layers))))
            # 创建并初始化VGG网络
            self.vgg = get_vgg19_model(layers)
        def call(self, inputs, training=None, mask=None):
            # 前向传播
            outputs = self.vgg(inputs)
            # 分离内容特征层和风格特征层的输出,方便后续计算 typing.List[outputs,加权系数]
            content_outputs = []
            for layer, factor in self.content_layers.items():
                content_outputs.append((outputs[self.outputs_index_map[layer]][0], factor))
            style_outputs = []
            for layer, factor in self.style_layers.items():
                style_outputs.append((outputs[self.outputs_index_map[layer]][0], factor))
            # 以字典的形式返回输出
            return {'content': content_outputs, 'style': style_outputs}
```

函数说明

- **tf.keras.Model**：这里展示了模型的另一种实例化方法——通过继承Model类。
  - 这种实例化方法需要在__init__函数里进行层的定义。
  - 定义输入层：此部分通过加载超参数中定义的内容特征层和风格特征层作为输入层。格式为{层名:加权系数}的字典形式，本任务已默认设置好，之后可自行修改尝试其他层结构。
  - 定义输出层：该部分基于去除全连接层的VGG19网络。通过调用动手练习2中完成的VGG19获取函数创建并初始化VGG网络。
  - 需要在call函数里实现模型的前向传播。此部分实现将内容特征层和风格特征层的输出分离，用于后续损失计算，损失计算将在任务3详细介绍。
- **CONTENT_LAYERS**：内容特征层及loss加权系数，已默认在超参数部分定义，后期可根据需要增加、减少层数或调整加权系数；
- **STYLE_LAYERS**：风格特征层及loss加权系数，已默认在超参数部分定义，后期可根据需要增加、减少层数或调整加权系数。

步骤3 数据处理。使用数据归一化处理函数。

- **image_mean**：为ImageNet数据集计算得到的均值，系数已直接给出。
- **image_std**：为ImageNet数据集计算得到的标准差，系数已直接给出。
- 由于归一化使用的均值与标准差是基于已经将像素值映射到[0, 1]区间得到的计算结果，因此在使用Z-score标准化方法前，首先需要将像素值映射到[0, 1]区间。

```
image_mean = tf.constant([0.485, 0.456, 0.406])
image_std = tf.constant([0.299, 0.224, 0.225])
def normalization(x):
    # 对输入图片x进行归一化,返回归一化的值
    x = x / 255.
    return (x - image_mean) / image_std
```

加载并处理图片函数，包含图片加载，图片解码，修改图片大小、归一化（调用normalization函数）等操作。

```
def load_images(image_path, width=WIDTH, height=HEIGHT):
    # 加载并处理图片，加载文件
    x = tf.io.read_file(image_path)
    # 解码图片
    x = tf.image.decode_jpeg(x, channels=3)
    # 修改图片大小
    x = tf.image.resize(x, [height, width])
    # 归一化
    x = normalization(x)
    x = tf.reshape(x, [1, height, width, 3])
    # 返回结果
    return x
```

函数说明

- image_path：该变量记录读取图片的路径。

- width：该变量为修改图片的宽度。

- height：该变量为修改图片的高度。

保存图片结果函数，该函数将被归一化后的图片还原并保存到指定路径。

```
# 创建保存生成图片的文件夹
if not os.path.exists(OUTPUT_DIR):
    os.mkdir(OUTPUT_DIR)
def save_image(image, filename):
    x = tf.reshape(image, image.shape[1:])
    x = x * image_std + image_mean
    x = x * 255.
    x = tf.cast(x, tf.int32)
    x = tf.clip_by_value(x, 0, 255)
    x = tf.cast(x, tf.uint8)
    x = tf.image.encode_jpeg(x)
    tf.io.write_file(filename, x)
```

函数说明

- image：该变量传入被归一化后的图片。

- filename：该变量传入还原后图片保存的路径。

- tf.cast()：数据类型转换，比如读入的图片如果是int8类型的，一般要在训练前把图像的数据格式转换为float32。这里将张量转换为int类型。

- tf.clip_by_value()：将一个张量中的数值限制在范围之内以免运算错误。传入参数分别为待限制张量、限制范围最低值、限制范围最高值。这里将还原后的值限定在0～255之间，符合像素点取值范围。

- tf.image.encode_jpeg()：该函数的功能是对图像进行JPEG编码。

- tf.io.write_file()：传入地址与变量实现便捷的文件存储。

步骤4 生成噪声图片。

```
# 加载内容图片
content_image = load_images(CONTENT_IMAGE_PATH)
# 风格图片
style_image = load_images(STYLE_IMAGE_PATH)
# 基于内容图片随机生成一张噪声图片
noise_image = tf.Variable((content_image + np.random.uniform(-0.2, 0.2, (1, HEIGHT, WIDTH, 3))) / 2)
```

🌐 函数说明

- tf.Variable(initializer)：变量构造函数，用于创建一个对象类型tensor的变量。
  - initializer：初始化参数，决定了创建的变量初始值和形状。
- np.random.uniform(low,high,size)：从均匀分布[low,high)中随机采样，注意定义域是左闭右开，即包含low，不包含high。通过该函数实现噪声的生成。
  - low：采样区间的下限，float类型，默认值为0。
  - high：采样区间的上限，float类型，默认值为1。
  - size：输出样本数目，为int或元组(tuple)类型，例如，size=(m,n,k)，则输出mnk个样本，默认为输出1个值。

3. 损失计算

步骤1 内容图片损失计算。

该部分是对思路总结中计算内容损失计算公式的代码实现，内容损失为内容图片在指定层上提取出的特征矩阵，与噪声图片在对应层上的特征矩阵的差值的L2范数，即求两两之间的像素差值的平方。每一层的内容损失函数如下：

$$L_i = \frac{1}{2 \times M \times N} \sum_{ij} (X_{ij} - P_{ij})^2$$

式中，X是噪声图片的特征矩阵；P是内容图片的特征矩阵；M是P的长×宽；N是信道数。最终的内容损失为，每一层的内容损失加权和，再对层数取平均。

计算指定层上两个特征之间的内容loss。

🌐 函数说明

- noise_features：噪声图片在指定层的特征。
- target_features：内容图片在指定层的特征。
- tf.reduce_sum()：求和函数，在TensorFlow中计算的都是tensor，可以通过调整axis=0或1的维度来控制求和维度。
- tf.square()：该函数的功能是括号里的每一个元素求平方。

⌨ 动手练习❷

- 请在<1>处实现噪声图片特征矩阵与内容图片特征矩阵差值的计算。
- 请在<2>处选择合适的工具函数实现对元素求平方。

- 请在<3>处选择合适的工具函数实现求和功能。
- 请在<4>处实现系数M值的计算。
- 请在<5>处填写信道数N的值，即图像通道数。

```
def _compute_content_loss(noise_features, target_features):
    # 计算指定层上两个特征之间的内容loss
    content_loss = tf.<3>(tf.<2>(<1>))
    # 计算系数
    M = <4>
    N = <5>
    x = 2. * M * N
    content_loss = content_loss / x
    return content_loss
```

计算当前图片的内容loss，该部分函数将统计各内容损失并求得总内容损失。noise_content_features为噪声图片的内容特征。

```
def compute_content_loss(noise_content_features):
    # 计算当前图片的内容loss
    # 初始化内容损失
    content_losses = []
    # 加权计算内容损失
    for (noise_feature, factor), (target_feature, _) in zip(noise_content_features, target_content_features):
        layer_content_loss = _compute_content_loss(noise_feature, target_feature)   #调用前函数计算指定层上两个特征之间的内容loss
        content_losses.append(layer_content_loss * factor)
    return tf.reduce_sum(content_losses)
```

步骤2 风格图片损失计算。

在风格迁移应用中，通过分别计算噪声图（加白噪声后的内容图）与风格图特征向量的格拉姆矩阵，以两个图像的格拉姆矩阵的差异最小化为优化目标，不断调整噪声图，使其风格不断接近目标风格图像。

```
def gram_matrix(feature):
    # 计算给定特征的格拉姆矩阵
    # 先交换维度，把channel维度提到最前面
    x = tf.transpose(feature, perm=[2, 0, 1])
    # reshape，压缩成2d
    x = tf.reshape(x, (x.shape[0], -1))
    # 计算x和x的逆的乘积
    return x @ tf.transpose(x)
```

使用风格图像在指定层上的特征矩阵的格拉姆矩阵来衡量其风格，风格损失定义为风格图像和噪声图像特征矩阵的格拉姆矩阵的差值的L2范数。每一层的风格损失函数如下：

$$L_i = \frac{1}{4 \times M^2 \times N^2} \sum_{ij} (G_{ij} - A_{ij})^2$$

式中，M是特征矩阵的长×宽；N是特征矩阵的信道数；G为噪声图像特征的格拉姆矩阵；A为风格图片特征的格拉姆矩阵。最终的风格损失为，每一层的风格损失加权和，再对层数取平均。

计算指定层上两个特征之间的风格loss：

- noise_feature：噪声图片在指定层的特征。
- target_feature：风格图片在指定层的特征。

动手练习 3

- 请在<1>处调用函数实现噪声图片的格拉姆矩阵的计算。
- 请在<2>处调用函数实现风格图片的格拉姆矩阵的计算。
- 请在<3>处选择合适的工具函数实现损失计算公式主体部分的计算，可参考内容损失函数_compute_content_loss()。
- 请在<4>处实现系数部分的计算。请注意变量x的结果代表公式中系数的分母部分。

注：特征矩阵（图像）的宽WIDTH与高HEIGHT在超参数中定义。

```
def _compute_style_loss(noise_feature, target_feature):
    # 计算指定层上两个特征之间的风格loss
    noise_gram_matrix = gram_matrix(<1>)
    style_gram_matrix = gram_matrix(<2>)
    style_loss = <3>
    # 计算系数
    M = WIDTH * HEIGHT
    N = 3
    x = 4. * <4>
    return style_loss / x
```

计算并返回图片的风格loss。noise_style_features为噪声图片的风格特征。该部分结构与前内容损失计算类似，函数将统计各风格损失并求得总风格损失。

```
def compute_style_loss(noise_style_features):
    # 计算并返回图片的风格loss
    style_losses = []
    for (noise_feature, factor), (target_feature, _) in zip(noise_style_features, target_style_features):
        layer_style_loss = _compute_style_loss(noise_feature, target_feature)
        style_losses.append(layer_style_loss * factor)
    return tf.reduce_sum(style_losses)
```

步骤3 总损失计算。

```
def total_loss(noise_features):
    # 计算总损失
    content_loss = compute_content_loss(noise_features['content'])
    style_loss = compute_style_loss(noise_features['style'])
    return content_loss * CONTENT_LOSS_FACTOR + style_loss * STYLE_LOSS_FACTOR
```

函数说明

- noise_features：噪声图片特征数据。
- CONTENT_LOSS_FACTOR：内容loss总加权系数。加权系数将会影响训练结果是更偏向于内容图片还是更偏向于风格图片。
- STYLE_LOSS_FACTOR：风格loss总加权系数。通常风格损失的加权系数大于内容损失的加权系数，使得训练结果将会不断偏向于风格图片。

4. 模型训练

步骤1 训练准备。首先调用之前定义好的函数与超参数创建模型实例；然后计算内容图片的特征和风格图片的特征。

```
# 创建模型
model = NeuralStyleTransferModel()
# 计算出目标内容图片的内容特征
target_content_features = model([content_image, ])['content']
# 计算目标风格图片的风格特征
target_style_features = model([style_image, ])['style']
```

定义优化器：

```
# 使用Adma优化器
optimizer = tf.keras.optimizers.Adam(learning_rate)
```

函数说明

- tf.keras.optimizers.Adam(learning_rate)：优化算法。
  - learning_rate：学习率。将输出误差反向传播给网络参数，以此来拟合样本的输出，本质上是最优化的一个过程，逐步趋向于最优解。

进行加速训练：

1）动态图与静态图。

动态图意味着构建计算图和实际计算同时发生（define by run）。这种机制由于能够实时得到中间结果的值，所以调试更加容易，同时将想法转化为代码也变得更加容易，对于编程实现来说更友好。

静态图则意味着构建计算图和实际计算是分开（define and run）的。在静态图中，会事先了解和定义好整个运算流，这样之后再次运行的时候就不再需要重新构建计算图了（可理解为编译），因此速度会比动态图更快，从性能上来说更加高效，但这也意味着所需的程序与编译器实际执行之间可能存在着更多的"代沟"，代码中的错误将难以发现，无法像动态图一样随时拿到中间计算结果。TensorFlow 1.x默认使用的是静态图机制，这也是其名称的由来，先定义好整个计算流（flow），再对数据（tensor）进行计算。TensorFlow 2.x默认使用动态图模式，性能上还是有影响的。

2）使用tf.function加速训练。

在单次迭代过程中，tf.function利用AutoGraph技术，将迭代过程构造成静态图从而加速计算。经测试，在本任务中，不使用tf.function训练的时间约为使用tf.function的两倍。

```
# 使用tf.function加速训练
@tf.function
def train_one_step():
    # 一次迭代过程
    # 求loss
    with tf.GradientTape() as tape:
        noise_outputs = model(noise_image)
        loss = total_loss(noise_outputs)
    # 求梯度
    grad = tape.gradient(loss, noise_image)
    # 梯度下降，更新噪声图片
    optimizer.apply_gradients([(grad, noise_image)])
    return loss
```

步骤2 开始训练。

1）模型会开始训练直到达到设置的EPOCHS迭代次数，每次迭代会经过STEPS_PER_EPOCH轮训练。

2）过程中tqdm工具能够帮助显示现在模型的训练进度。

3）当每次迭代结束，模型会自动保存当前的生成图片到预设的OUTPUT_DIR输出文件夹下，并使用plt.imshow()在输出界面展示图片。

动手练习❹

- 实现迭代循环：请在<1>处设置迭代循环参数，实现控制迭代循环次数。
- 实现训练次数循环：请在<2>处设置每次迭代需要训练的次数。
- 实现图片读取：请在<3>处读取当前用于展示的图片文件。
- 实现展示图片：请在<4>处完成图片展示功能。

```
for epoch in range(<1>):
    # 使用tqdm提示训练进度
    with tqdm(total=STEPS_PER_EPOCH, desc='Epoch {}/{}'.format(epoch + 1, EPOCHS)) as pbar:
        for step in range(<2>):
            _loss = train_one_step()
            pbar.set_postfix({'loss': '%.4f' % float(_loss)})
            pbar.update(1)
    save_image(noise_image, '{}/{}.jpg'.format(OUTPUT_DIR, epoch + 1))
    print('第{}次迭代：'.format(epoch + 1))
    img = mpimg.imread(<3>) # 读取图片
    plt.imshow(<4>) # 显示图片
    plt.axis('off') # 不显示坐标轴
    plt.show()
```

运行代码开始模型训练，每当完成一次迭代，模型会自动输出当前的风格迁移结果，第10次迭代的输出结果如图6-3-5所示。

图6-3-5 第10次迭代结果

任务小结

本任务首先介绍了模型训练思路，之后通过任务实施，完成模型构建、损失计算和模型训练。

通过本任务的学习，读者可对图像风格迁移训练有更深入的了解，在实践中逐渐熟悉图像风格迁移训练，掌握数据处理、使用损失函数进行损失计算，模型训练能力。本任务的思维导图如图6-3-6所示。

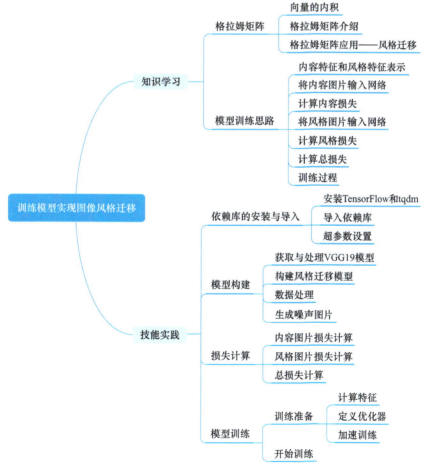

图6-3-6 思维导图

参 考 文 献

[1] 杜鹏，谌明，苏统华. 深度学习与目标检测[M]. 北京：电子工业出版社，2020.

[2] 鲁华祥，陈强，邱学侃，等. 深度学习之图像识别：核心技术与案例实战[M]. 北京：机械工业出版社，2019.

[3] 涂铭，金智勇. 深度学习与目标检测：工具、原理与算法[M]. 北京：机械工业出版社，2021.

[4] 夏黎明，沈坚，张荣国. 深度学习在医学影像领域的应用[J]. 协和医学杂志，2018，1（5）：14-16.

[5] 柯研，刘信言，郑钰辉. 基于OpenCV的深度学习目标检测与跟踪[J]. 数字技术与应用，2018，36（10）：110-111.